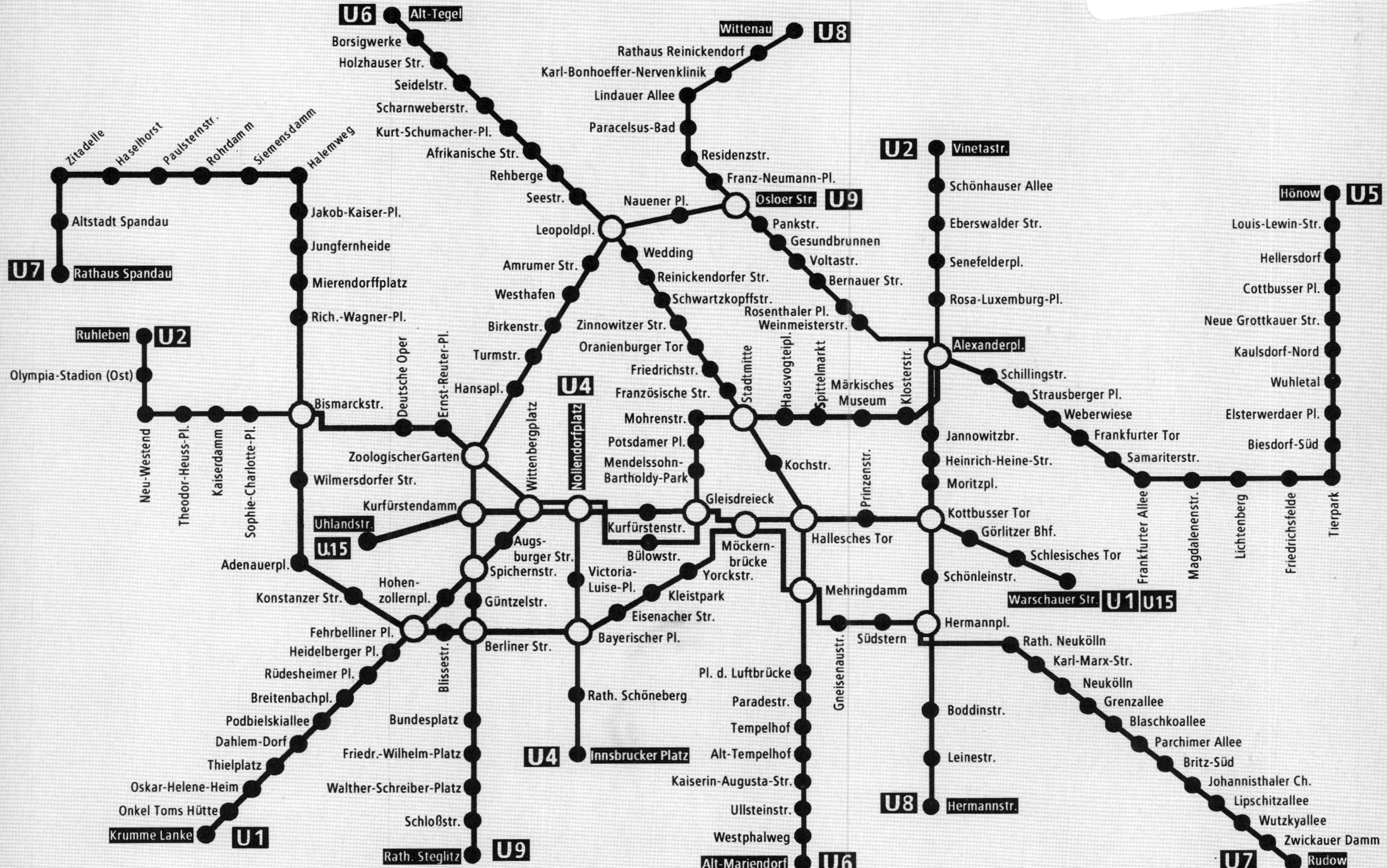
U1
Krumme Lanke
Onkel Toms Hütte
Oskar-Helene-Heim
Thielplatz
Dahlem-Dorf
Podbielskiallee
Breitenbachpl.
Rüdesheimer Pl.
Heidelberger Pl.
Fehrbelliner Pl.
Hohen-
zollernpl.
Spichernstr.
Augs-
burger Str.
Wittenbergplatz
Nollendorfplatz
Kurfürstenstr.
Gleisdreieck
Möckern-
brücke
Hallesches Tor
Prinzenstr.
Kottbusser Tor
Görlitzer Bhf.
Schlesisches Tor
Warschauer Str.
U1
U15
Uhlandstr.
U15
Kurfürstendamm
U2
Ruhleben
Olympia-Stadion (Ost)
Neu-Westend
Theodor-Heuss-Pl.
Kaiserdamm
Sophie-Charlotte-Pl.
Bismarckstr.
Deutsche Oper
Ernst-Reuter-Pl.
ZoologischerGarten
Bülowstr.
Mendelssohn-
Bartholdy-Park
Potsdamer Pl.
Mohrenstr.
Stadtmitte
Hausvogteipl.
Spittelmarkt
Märkisches
Museum
Klosterstr.
Alexanderpl.
Rosa-Luxemburg-Pl.
Senefelderpl.
Eberswalder Str.
Schönhauser Allee
Vinetastr.
U2
U4
Nollendorfplatz
Viktoria-
Luise-Pl.
Bayerischer Pl.
Rath. Schöneberg
Innsbrucker Platz
U4
U5
Hönow
Louis-Lewin-Str.
Hellersdorf
Cottbusser Pl.
Neue Grottkauer Str.
Kaulsdorf-Nord
Wuhletal
Elsterwerdaer Pl.
Biesdorf-Süd
Tierpark
Friedrichsfelde
Lichtenberg
Magdalenenstr.
Frankfurter Allee
Samariterstr.
Frankfurter Tor
Weberwiese
Strausberger Pl.
Schillingstr.
U6
Alt-Tegel
Borsigwerke
Holzhauser Str.
Seidelstr.
Scharnweberstr.
Kurt-Schumacher-Pl.
Afrikanische Str.
Rehberge
Seestr.
Leopoldpl.
Wedding
Reinickendorfer Str.
Schwartzkopffstr.
Zinnowitzer Str.
Oranienburger Tor
Friedrichstr.
Französische Str.
Kochstr.
Mehringdamm
Pl. d. Luftbrücke
Paradestr.
Tempelhof
Alt-Tempelhof
Kaiserin-Augusta-Str.
Ullsteinstr.
Westphalweg
Alt-Mariendorf
U6
U7
Rathaus Spandau
Altstadt Spandau
Zitadelle
Haselhorst
Paulsternstr.
Rohrdamm
Siemensdamm
Halemweg
Jakob-Kaiser-Pl.
Jungfernheide
Mierendorffplatz
Rich.-Wagner-Pl.
Wilmersdorfer Str.
Adenauerpl.
Konstanzer Str.
Blissestr.
Berliner Str.
Yorckstr.
Kleistpark
Eisenacher Str.
Güntzelstr.
Gneisenaustr.
Südstern
Hermannpl.
Rath. Neukölln
Karl-Marx-Str.
Neukölln
Grenzallee
Blaschkoallee
Parchimer Allee
Britz-Süd
Johannisthaler Ch.
Lipschitzallee
Wutzkyallee
Zwickauer Damm
Rudow
U7
U8
Wittenau
Rathaus Reinickendorf
Karl-Bonhoeffer-Nervenklinik
Lindauer Allee
Paracelsus-Bad
Residenzstr.
Franz-Neumann-Pl.
Osloer Str.
Pankstr.
Gesundbrunnen
Voltastr.
Bernauer Str.
Rosenthaler Pl.
Weinmeisterstr.
Jannowitzbr.
Heinrich-Heine-Str.
Moritzpl.
Schönleinstr.
Boddinstr.
Leinestr.
Hermannstr.
U8
U9
Osloer Str.
Nauener Pl.
Amrumer Str.
Westhafen
Birkenstr.
Turmstr.
Hansapl.
Bundesplatz
Friedr.-Wilhelm-Platz
Walther-Schreiber-Platz
Schloßstr.
Rath. Steglitz
U9

Tegel – Zurückbleiben bitte!

Tegel – Zurückbleiben bitte!

U-Bahn-Erinnerungen
von Horst Bosetzky, Uwe Poppel
und drei ehemaligen Fahrern

Jaron Verlag

Abbildungen auf Vor- und Nachsatz:
U-Bahn-Liniennetze aus den Jahren 1936 und 1998

Abbildung auf Seite 2:
Die U-Bahn überquert auf der sanierten Oberbaumbrücke die Spree

Abbildung auf Seite 131:
Ein G I-Zug auf der Hochbahnstrecke in der Schönhauser Allee

Originalausgabe
1. Auflage 1999

Umschlaggestaltung: Atelier Kattner, Berlin, unter Verwendung eines Fotos von Bodo Schulz
(U-Bahn nach Tegel im Bahnhof Platz der Luftbrücke)
Satz und Repro: LVD GmbH, Berlin
Druck und Bindung: cayfosa, Industria Gráfica, Barcelona
Printed in Spain

ISBN 3-89773-000-6

Inhalt

Die U-Bahn und das Leben als solches

Der erste U-Bahnhof, den ich in meinem Leben bewußt wahrgenommen habe, war Rathaus Neukölln, damals – 1942 etwa – noch an der Linie C gelegen. Und es war etwas sehr Philosophisches, was mich, als Vierjährigen, damals bewegte: Wo eben, beim Warten, noch ein Nichts war, die Leere zwischen Bahnsteig und blaugrau gekachelter Wand, da war plötzlich etwas: der gelbe U-Bahnwagen, die »Tunneleule«. Man stieg ein – und wenig später war man ganz woanders, in einer anderen Welt, am Hermannplatz bei Karstadt. Kam hingegen zuerst der Zug in die andere Richtung, wurde abgefertigt und rauschte wieder davon, dann war plötzlich dort, wo eben noch die gelben Waggons mit den vielen Menschen drin gestanden hatten, eine absolute und erschreckende Leere. Der Zug war im Tunnel verschwunden, scheinbar im Nichts. Natürlich wußte ich schon, daß es hinter Rathaus Neukölln andere Bahnhöfe gab – Bergstraße und Neukölln (Südring) –, dennoch sagte mir mein Gefühl, daß dieser Zug für immer im schwarzen Nichts verschwand. Er starb sozusagen. Fuhr aber umgekehrt einer in den Bahnhof ein, dann war das wie eine Geburt. Noch heute gilt für mich das Bild: Wie U-Bahnzüge kommen wir aus dem Nichts und verschwinden wieder im Nichts. Und hoffen auf das Licht am Ende des Tunnels.

»Nach Tegel einsteigen bitte!« Der U-Bahnhof Rathaus Neukölln im Jahr 1962 mit einer »Tunneleule«, dem B1-Triebwagen 65. Das Bahnhofszielschild zeigt noch den Zusatz »über Seestraße«, das Ziel Tegel wird erst seit vier Jahren angesteuert.

Die Faszination der U-Bahn hat tiefe Wurzeln in unserer Seele. Daß es auch Parallelen zum sexuellen Erleben gibt, liegt auf der Hand: der Zug als Phallus, der Tunnel als Öffnung, die Fahrt als lustvolle Bewegung. Wohin wir mit unseren tiefenpsychologischen Deutungen kommen, wenn die U-Bahn als Hochbahn fährt, im Einschnitt oder auf dem Damm, soll hier nicht weiter erörtert werden.

Wie auch immer – für uns ältere Berliner, die wir nicht im Auto gezeugt und aufgewachsen sind, ist die U-Bahn untrennbarer Bestandteil unseres Lebens. Für auswärtige Besucher steht sie als Symbol für Metropole und Großstadt, gleichberechtigt mit den unterirdischen Bahnen von New York, Paris oder London.

Der U-Bahnhof Tierpark (eröffnet 1973), der erste U-Bahnhofsneubau in Ost-Berlin, mit einem ausfahrbereiten Zug der Bauart E III.

Einen Nachteil aber hat die U-Bahn: Guckt man aus dem Fenster, sieht man nicht viel. So simpel diese Erkenntnis sein mag, so entscheidend ist sie für die Wertung dieses Verkehrsmittels im Vergleich mit Straßenbahn, S-Bahn und Bus.

Aber dieses Nicht-aus-dem-Fenster-sehen-Können kann auch seine Vorteile haben. Als Kind habe ich das Auf und Ab der an den Tunnelwänden aufgehängten Kabel immer fasziniert verfolgt. Und dann kann man auf die hellen Nebelflecken der Ausstiegsschächte warten. Oder auf einen plötzlich abzweigenden Schienenstrang, der die Verbindung zu einer anderen Linie oder zur Werkstatt herstellt. Vor allem aber gibt einem die Fahrt mit der U-Bahn die Chance zur Kontemplation oder zu einer Art autogenem Training. Ich starre vor mich hin, ich denke nach über mich, meine Nächsten, Gott und die Welt. Das Gleichmaß von Halten, Anfahren, Beschleunigen, Bremsen und Halten ist von derselben Wirkung wie Gebetsmühle oder Rosenkranz. »Nach Alt-Tegel einsteigen … Nach Alt-Tegel zurückbleiben bitte …« Kleines Konzert, zuknallende Türen, weiter. Die Zeit dehnt sich, Urlaubsschläfrigkeit kommt auf.

Natürlich kann ich auch lesen, aber nichts ist schöner als das Dösen. Und dabei zuhören, was sich andere zu erzählen haben. Aber in der U-Bahn reden die Leute nicht soviel wie in der S-Bahn, will mir scheinen. In der U-Bahn schweigt man lieber. Wir sind schließlich *unter der Erde*, und *jemanden unter die Erde bringen*, heißt ja ihn begraben. Für alle, die unter klaustrophobischen Ängsten leiden, ist die U-Bahn die Hölle. Eingesperrt ist man und muß ersticken, wenn es einmal brennt. Siehe London. Aber wir wissen ja, daß die Berliner U-Bahn eines der sichersten Verkehrsmittel der Welt ist. Allerdings: Gegen einen Wahn und eine Phobie helfen keine rationalen Argumente. Ich habe zum Glück nur ein wenig Höhenangst ... (siehe Hochbahn).

Wir Berliner Schlüsselkinder hatten im Nachkriegswinter 1945/46 nur wenig Spielzeug, und das wenige liebten wir heiß und innig. Meine absoluten Schätze waren ein grüner Märklin-Personenwagen aus Blech und eine braunrote Lore derselben Firma, beide in der Größe 0. Leider hatte der Wagen nur noch drei Räder, und da eine neue Achse natürlich nirgends aufzutreiben oder gegen anderes zu tauschen war, mußte ich kräftig improvisieren. Mein Vater weilte noch in Kriegsgefangenschaft, aber sein Schraubstock und sein Werkzeugkasten hatten Bomben und Evakuierung überstanden. So sägte ich mir vom runden Stiel unseres Quirls das Rad und vom gleichfalls hölzernen Kartoffelstampfer den Randkranz ab, fügte beide mit den letzten Resten eines giftigen Klebers zusammen und bohrte da ein Loch, wo die Mitte zu vermuten war. Als das Rad dann auf der Achse saß, eierte es mächtig, aber nachdem ich den Radkranz noch ein wenig zurechtgefeilt hatte, entgleiste der Wagen nur noch ganz selten. Meine Mutter war von diesem – wie ich meinte – Geniestreich nicht sehr angetan, obwohl sie selbst doch immer zu mir sagte: »Von dem kannst du dir mal eine Scheibe abschneiden!« Womit sie aber eben nicht Quirl und Kartoffelstampfer meinte, sondern unsern Nachbarssohn Peter L. Das hölzerne Ersatzrad fiel auch gar nicht weiter auf, da das Achslager abgebrochen und von mir durch ein Teil meines Stabilbaukastens ersetzt worden war. Die Lore war zum Glück heil geblieben. Zu den beiden Industriefahrzeugen kam noch ein von meinem Vater, einem gelernten Maschinenbauer, aus Alublechen gebastelter Rungenwagen mit selbstgegossenen und -gedrehten Rädern aus Blei. So war also mein klassischer Drei-Wagen-U-Bahnzug komplett. Die Strecke bestand aus etwa zehn geraden und fünf gebogenen Märklin-Gleisen sowie einer von meinem Vater aus Messingprofilen selbst gebauten Weiche. Das erlaubte mir den Nachbau der grünen Linien B I und B II, also eines Y-förmigen Streckenverlaufs. Reste meines ehemaligen Anker-Steinbaukastens, sämtliche noch vorhandene Domino-Steine und vor allem die zu zwei Dritteln erhaltene Reißschiene vom Zeichenbrett meines Vaters reichten aus, um die Hochbahn zwischen Warschauer Brücke und Nollendorfplatz stilecht nachzubauen, allerdings mit nur einem Bahnhof dazwischen: Hallesches Tor. Die Weiche, das Wertvollste von allem, kam hinter dem Wittenbergplatz zum Einsatz. Stolz und mächtig wie Gott selber lenkte ich meine Züge mal nach rechts, nach Ruhleben also, und mal nach links, nach Krumme Lanke. Auf der Schreibmaschine hatte ich mir die Zielschilder getippt und ausgeschnitten. »Warschauer Brücke« wurde mit Roggenmehlkleister auf die Lore gepappt, an den grünen Personenwagen kamen aber richtige Steckschilder. Daß ich keine Stromschienen hatte, war zwar ärgerlich, aber der Zug wurde ja eh nur mit der rechten Hand geschoben. Fahrgäste hatte ich eine Menge: die etwa vierzig Halmafiguren meiner Mutter – gelb, rot, grün und schwarz. Ab und an stürzten welche vom Rungenwagen, fielen in den Kanal oder wurden überrollt. Rückblickend würde ich sagen, das war das schönste Spiel meiner Kindheit, und schon in der vorletzten Schulstunde freute ich mich darauf.

Dann kam mein Vater mit einer steifen Hüfte aus der Kriegsgefangenschaft zurück, und es vergingen zwei Jahre, bis er wieder arbeitsfähig war. In dieser Zeit baute er mir – aus Sperrholz – richtige U-Bahnwagen, und sogar Drehgestelle trieb er dafür auf. Auch weitere Schienen kamen hinzu, gebrauchte natürlich, und so konnte ich alsbald die Linie C I eröffnen, mit einer echten Tunneleule natürlich. Erst als wir dann richtige H0-Modellbahner wurden, war es mit der U-Bahn vorbei.

Was mir bis heute blieb, sind ganz bestimmte mit der U-Bahn zusammenhängende Alpträume. Ich stehe auf einem engen Bahnsteig, und der Bahnsteig wird immer schmaler, während der Zug aus dem Tunnel herangerauscht kommt … Oder: Ich sitze in der U-Bahn, der Zug hält, und ich lese auf dem Stationsschild einen Bahnhofsnamen wie UXALFÜ oder BOLQUAZ. Wo bin ich, wer bin ich? Schreiend und voller Panik fahre ich hoch. An Schlaf ist kaum mehr zu denken.

Dennoch ist mein ganzer Stolz ein Diorama, das in etwa dem Hoch- und Untergrundbahnhof Hallesches Tor entspricht. Oben steht ein Drei-Wagen-Zug von Freddy Woytnik – A I, gelb, rot, gelb – und unten im aufgeschnittenen Tunnel eine Tunneleule.

Nach den ersten ganz persönlichen Bekenntnissen zur Berliner U-Bahn und meiner Liebeserklärung an die Tunneleule nun einige Worte zu diesem Buch: Wie schon in den im selben Verlag erschienenen Straßenbahn- und S-Bahn-Erinnerungen (»Noch jemand ohne Fahrschein?« und »Einsteigen bitte, Türen schließen!«) mischen sich Sachinformationen mit persönlichen Erinnerungen. Dabei sind meine Erlebnisse in den Berliner Verkehrsmitteln, wie sich herausgestellt hat, durchaus nicht so einzigartig, sondern den meisten Leserinnen und Lesern vielmehr in ähnlicher Form durchaus vertraut.

Im Unterschied zu Straßenbahn und S-Bahn geht es bei der U-Bahn allerdings stellenweise etwas »spinnerter« zu, manches wird ironischer und satirischer gesehen, alles ist eben ein wenig bunter. Dunkle und öde Tunnel erfordern offenbar ein ganz besonderes Gegengewicht, damit man sie ertragen kann.

Besonders freue ich mich, daß wir dank der freundlichen Vermittlung von Michael Grunwald (BVG-Marketing) leibhaftige U-Bahnfahrer gefunden haben, die, wie schon der echte »Mann an der Kurbel« in den Straßenbahn-Erinnerungen, aus ihrem beruflichen Alltag erzählen und diesem Band erst die rechte Würze geben. Und daß wir mit Uwe Poppel für den Sachteil wie für die inhaltliche Überprüfung meines Textes *den* Berliner U-Bahn-Fachmann gewonnen haben, krönt das Ganze.

Beginnen will ich mit etwas U-Bahn-Historie, damit der große Überblick nicht verlorengeht.

Horst Bosetzky

Daten zur Berliner U-Bahn-Geschichte

1896 ○ Nachdem ein 1880 geplantes Pfeiler- bzw. Schwebebahnprojekt gescheitert war, erfolgte am 10. September 1896 der erste Spatenstich zum Bau der Viaduktfundamente für die Hochbahn in der Gitschiner Straße (Firma Siemens & Halske).

1902 ○ Inbetriebnahme der ersten Berliner Hoch- und Untergrundbahn am 18. Februar 1902 auf der 6 km langen Strecke zwischen Stralauer Thor (Osthafen) und Potsdamer Platz. Am 11. März 1902 folgte die Inbetriebnahme des zweiten Streckenteils vom Potsdamer Platz zum Zoologischen Garten und am 25. März desselben Jahres die Aufnahme des Durchgangsverkehrs vom Stralauer Thor über das Gleisdreieck bis zum Zoologischen Garten. Bis Ende 1902 wurden die Endpunkte Warschauer Brücke (heute Warschauer Straße) und Knie (heute Ernst-Reuter-Platz) erreicht.

1906 ○ Die Stammstrecke wird vom Knie bis zum Wilhelmplatz (heute Richard-Wagner-Platz) verlängert.

1908 ○ Verlängerung der Stammlinie im Westen bis Reichskanzlerplatz (heute Theodor-Heuss-Platz) und im Osten bis Spittelmarkt.

1910 ○ Eröffnung der Schöneberger U-Bahn vom Nollendorfplatz zum Bahnhof Hauptstraße (heute Innsbrucker Platz).

1913 ○ Streckenverlängerung Reichskanzlerplatz – Stadion (heute Olympia-Stadion [Ost]).

○ Streckenverlängerung Spittelmarkt – Nordring (heute Schönhauser Allee).

○ Eröffnung der Wilmersdorfer U-Bahnlinien Wittenbergplatz – Uhlandstraße und Wittenbergplatz – Thielplatz.

1923 ○ Inbetriebnahme der ersten Teilabschnitte der Nordsüdbahn (Stettiner Bahnhof [heute Zinnowitzer Straße] – Hallesches Tor und Stettiner Bahnhof – Seestraße).

1926 ○ Fertigstellung der Nordsüdbahn zwischen Seestraße und Bergstraße (heute Karl-Marx-Straße).

○ Eröffnung der Entlastungslinie Gleisdreieck – Nollendorfplatz – Wittenbergplatz.

1927 ○ Inbetriebnahme des ersten Teilstücks der GN-Bahn (Gesundbrunnen – Neukölln) zwischen Boddinstraße und Schönleinstraße durch die AEG-Schnellbahn AG.

1929 ○ Fertigstellung des Abzweigs Belle-Alliance-Straße (heute Mehringdamm) nach Tempelhof (Südring).

○ Verlängerung Thielplatz – Krumme Lanke.

○ Verlängerung Stadion – Ruhleben.

1930 ○ Streckenverlängerung Nordring – Pankow (Vinetastraße).

○ Fertigstellung der GN-Bahn Gesundbrunnen – Leinestraße.

○ Eröffnung der Linie E zwischen Alexanderplatz und Friedrichsfelde.

○ Streckenverlängerung Bergstraße – Grenzallee.

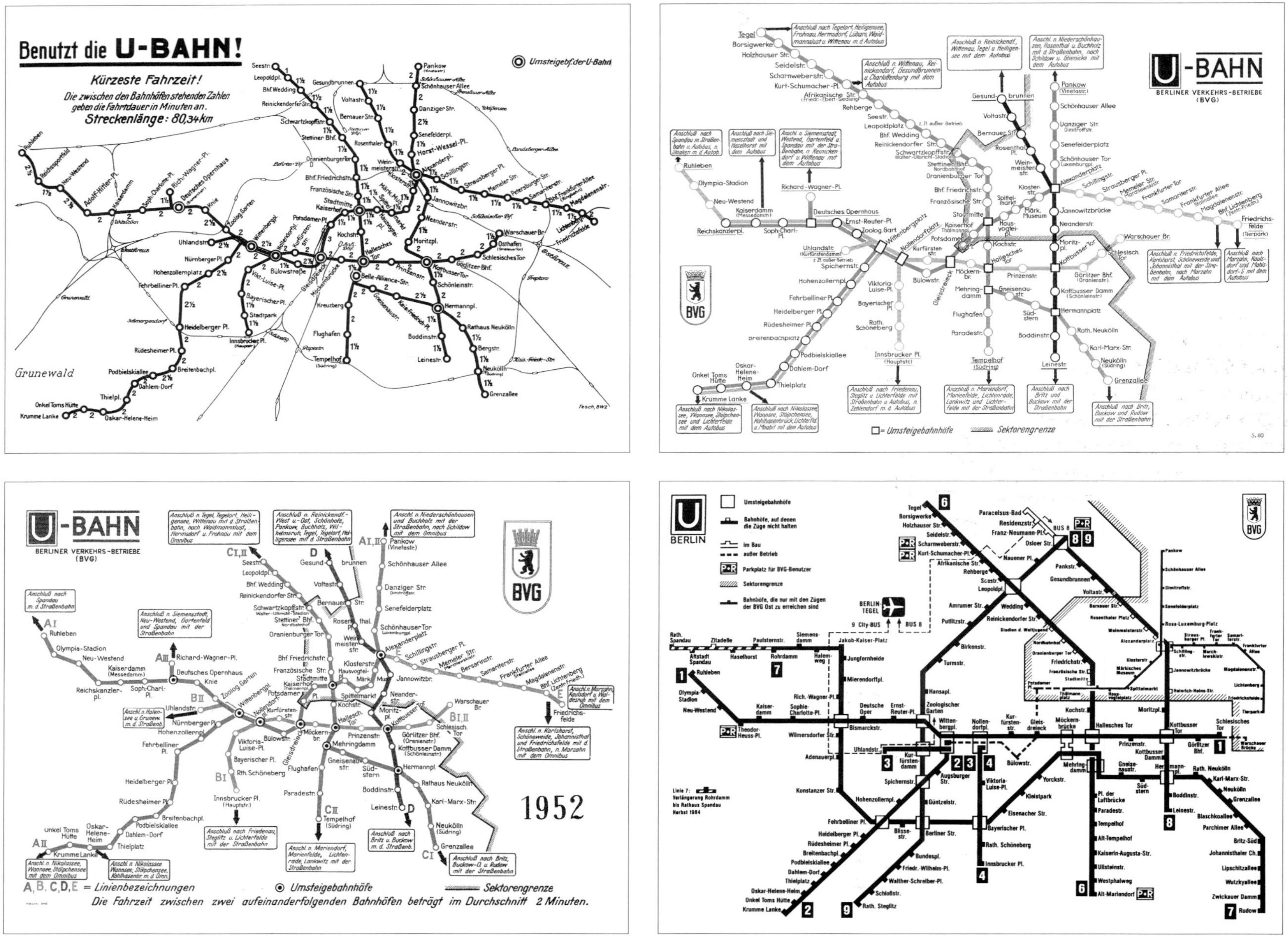

Die Entwicklung des Streckennetzes von 1936 (oben links) über 1952 (unten links) und 1960 (oben rechts) bis 1980 (unten rechts). Nicht nur die Ausdehnung des Netzes entwickelte sich, auch die grafische Darstellung: Entsprach der Netzplan anfangs noch den geographischen Gegebenheiten, so wurde er später immer abstrakter.

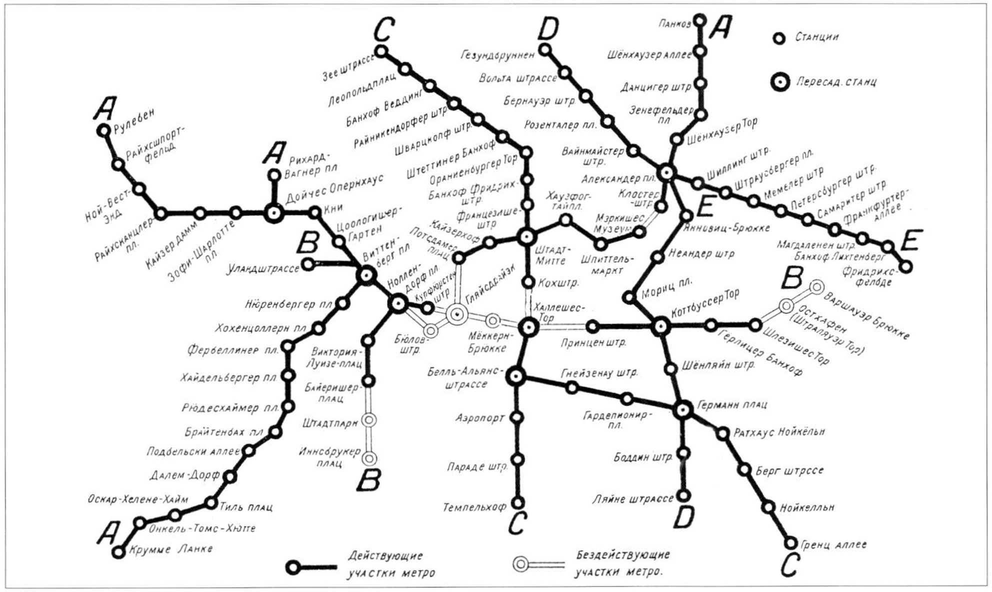

Im Jahre **1930** wurden damit folgende Linien betrieben:

Kleinprofillinien (insgesamt 43,4 km Streckenlänge):

- A I Pankow (Vinetastraße) – Ruhleben
- A II Pankow bzw. Alexanderplatz – Wittenbergplatz – Krumme Lanke
- A III Bismarckstraße (heute Deutsche Oper) – Wilhelmplatz
- B I Warschauer Brücke – Nollendorfplatz – Innsbrucker Platz
- B II Warschauer Brücke – Uhlandstraße

Großprofillinien (insgesamt 32,5 km Streckenlänge):

- C I Seestraße – Grenzallee
- C II Seestraße bzw. Stettiner Bahnhof – Belle-Alliance-Straße – Tempelhof (Südring)
- D Gesundbrunnen – Leinestraße
- E Alexanderplatz – Friedrichsfelde

Plan der Berliner U-Bahn mit kyrillischen Bahnhofsbezeichnungen, Stand 15. August 1945. Die Übersetzung der Legende lautet: »Funktionierende Teile der Metro« (Streckensymbol schwarz ausgefüllt) bzw. »Sich nicht in Betrieb befindliche Teile der Metro« (Streckensymbol nicht ausgefüllt).

Die Berliner waren schon immer am Ausbau des U-Bahnnetzes sehr interessiert. Informationstafel am Breitscheidplatz zum Bau der Linie Leopoldplatz – Spichernstraße (heute Teil der Linie U 9) Mitte der fünfziger Jahre.

1953 ◦ Erster Rammschlag für eine U-Bahn-Streckenverlängerung nach dem Krieg in der Müllerstraße im Wedding.

1956 ◦ Inbetriebnahme der Verlängerung Seestraße – Kurt-Schumacher-Platz.

1958 ◦ Verlängerung Kurt-Schumacher-Platz – Tegel (heute Alt-Tegel).

1961 ◦ Eröffnung der Linie G (heute 9) zwischen Leopoldplatz und Spichernstraße.

1961 ◦ Wegen der Spaltung der Stadt am 13. August werden die Linie A (heute 2) zwischen Thälmannplatz (heute Mohrenstraße) und Gleisdreieck und die Linie B (heute 1) zwischen Warschauer Brücke und Schlesisches Tor unterbrochen, während die Linie C (heute 6) – mit der Ausnahme Friedrichstraße – zwischen Reinickendorfer Straße und Kochstraße und die Linie D (heute 8) zwischen Voltastraße und Moritzplatz auf den Bahnhöfen in Ost-Berlin, den sogenannten »Geisterbahnhöfen«, nicht mehr halten.

Linienbezeichnungen

In den ersten Jahren der Berliner U-Bahn gab es – für die überschaubar wenigen Strecken – überhaupt keine kurzen, prägnanten Linienbezeichnungen. Erst ab etwa Mitte der zwanziger Jahre, nachdem die ersten Großprofilstrecken in Nord-Süd-Richung die zumeist in Ost-West-Richtung verlaufenden Kleinprofillinien ergänzten, wurden die Linien mit Buchstaben bezeichnet: A und B für das Kleinprofil, C, D und E für das Großprofil. Wegen der im Laufe der Zeit entstandenen Abzweigungen von den Stammlinien fügte man zu den Buchstaben römische Ziffern hinzu, beispielsweise A III, B I und C II. Ende der fünfziger Jahre hat die West-Berliner BVG diese Linienbezeichnungen ersatzlos gestrichen. So wurde jetzt beispielsweise nur noch von der Linie »Tegel – Grenzallee« gesprochen. In Ost-Berlin sind nach dem Mauerbau ohnehin nur noch die beiden Linien Thälmannplatz – Pankow (Vinetastraße) (heute Teil der Linie U 2, von 1990 bis zur Zusammenführung mit der westlichen U 2 im Jahre 1993 als U 2 A bezeichnet) und Alexanderplatz – Friedrichsfelde (heute U 5) betrieben worden. Da die beiden Strecken leicht zu unterscheiden waren, wurde auch hier bald auf eine Linienbezeichnung verzichtet.

Allerdings sind die Buchstabenbezeichnungen nicht vollständig verschwunden: Bei der BVG und auch bei der Senatsbauverwaltung werden die eigentlichen Tunnelbauwerke weiterhin mit diesen Buchstaben bezeichnet. So firmiert die heutige Linie U 9 weiterhin unter der Streckenbezeichnung G, und die Linie U 7 setzt sich aus den Streckentunneln C I (Rudow – Mehringdamm) und H (Mehringdamm – Rathaus Spandau) zusammen. Beim Studium dieser Bauwerksbezeichnungen kommt man auch einer seit Jahrzehnten geplanten Strecke F (Weißensee – Steglitz, über Alexanderplatz und Potsdamer Platz) auf die Spur, die, in den siebziger und achtziger Jahren in West-Berlin als Linie 10 bezeichnet, durch die Planungen geistert. Einige hundert Meter dieser Strecke sind bereits gebaut, unter anderem am Alexanderplatz, am Kleistpark und in der Steglitzer Schloßstraße.

Im März 1966 führte die BVG – nach einer Neuordnung der Linienführung, die durch umfangreiche Umbauten am U-Bahnhof Mehringdamm vorbereitet wurde – Liniennummern ein: 1 bis 5 für das Kleinprofil, 6 bis 9 für das Großprofil. Die Nummer 5 bezeichnete die kürzeste Strecke der BVG, von der Deutschen Oper zum Richard-Wagner-Platz. Nachdem diese Linie wegen der Verlängerung der Linie 7 (über den Richard-Wagner-Platz) im Jahre 1970 eingestellt wurde, blieb die Liniennummer 5 jahrelang unbesetzt und konnte nach der Wende für die vormalige Linie E (inzwischen Alexanderplatz – Hönow) genutzt werden. Nachdem die BVG im Januar 1984 die Betriebsführung der S-Bahn in West-Berlin übernommen hatte und diese Linien fortan die Bezeichnung S 1, S 2 usw. führten, wurde den U-Bahn-Liniennummern ein »U« vorangestellt. Die kurze Linie U 3 (Wittenbergplatz – Uhlandstraße) wurde inzwischen eingestellt und durch die Linie U 15 (Warschauer Straße – Uhlandstraße) ersetzt. Einen Sonderfall stellt die Linie U 12 (Vinetastraße – Ruhleben) dar, die nur an Wochenendnächten verkehrt und Teile der Linien U 1 und U 2 benutzt. Auch für Einsatzzüge im Veranstaltungsverkehr zum Olympia-Stadion wird diese Linienbezeichnung verwendet.

Neben diesen Bezeichungen mit Buchstaben oder Zahlen wurden einige U-Bahnstrecken – teilweise bereits während ihrer Bauphase – auch mit Namen versehen: »Stammstrecke« wird die Keimzelle des Berliner U-Bahnnetzes, die Hochbahnstrecke Warschauer Straße (anfangs Warschauer Brücke) – Potsdamer Platz, genannt. Der C-Tunnel zwischen Seestraße und Mehringdamm wird als »Nordsüdbahn« bezeichnet; die Linie D hieß zunächst »AEG-Bahn« (nach ihrem Bauherren) und später »GN-Bahn« (nach den Endpunkten Gesundbrunnen und Neukölln). Der kurze Streckenstummel zur Uhlandstraße ist seit jeher die »Kurfürstendammlinie« – welch hochtrabende Bezeichnung für diesen Wurmfortsatz! Die Linie zum Innsbrucker Platz, die die damals noch selbständige Stadt Schöneberg einrichten ließ, heißt folgerichtig »Schöneberger Bahn«. Da die jetzige U 5 jahrzehntelang nur bis Friedrichsfelde führte, wurde sie »Friedrichsfelder Linie« genannt, fast zwangsläufig wurde sie dann nach der Verlängerung bis Tierpark im Jahre 1973 zur »Tierpark-Linie«. Der geplante Streckenast vom Alexanderplatz nach Weißensee hat – obwohl noch lange nicht existent – bereits als »Weißensee-Linie« in die Literatur Eingang gefunden. Die »Wilmersdorf-Dahlemer-Bahn« hat – ähnlich wie die Schöneberger Bahn – ihren Namen von der während des Baus und der ersten Betriebsjahre noch eigenständigen Gemeinde Wilmersdorf beziehungsweise der Domäne Dahlem erhalten.

Fast drei Jahrzehnte Trennung des U-Bahnnetzes in Ost und West nach dem Mauerbau vom 13. August 1961. Zu Zeiten der Mauer waren die Ost-Berliner Gleise auf der Oberbaumbrücke entfernt worden. Die Sektorengrenze verlief am westlichen, d. h. am Kreuzberger Ufer der Spree. Im Hintergrund steht im August 1990 ein A 3-Zug der Linie U 1 abgestellt.

Netzplan der Ost-Berliner U-Bahn im Jahre 1965: Wie auch auf vielen in der DDR gedruckten Stadtplänen ist der Westteil der Stadt in den offiziellen Fahrplanheften ausgespart worden.

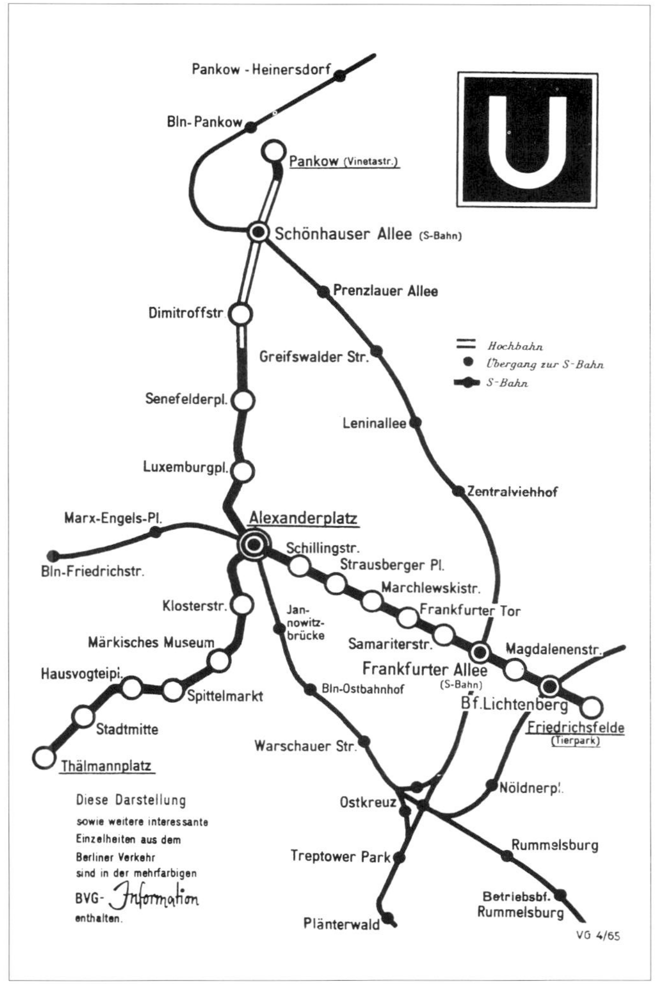

1963 ◦ Verlängerung Grenzallee – Britz-Süd.
1966 ◦ Verlängerung Tempelhof – Alt-Mariendorf.
1972 ◦ Die Linie 7 erreicht Rudow.
1973 ◦ Die Linie E (heute 5) erreicht den Bahnhof Tierpark.
1974 ◦ Die Linie 9 erreicht im Süden Rathaus Steglitz.
1976 ◦ Die Linie 9 erreicht im Norden die Osloer Straße.
1984 ◦ Die Linie 7 erreicht mit Rathaus Spandau ihren westlichen Endpunkt.
1989 ◦ Die Linie E (heute 5) erreicht mit Hönow ihren östlichen Endpunkt.
1993 ◦ Wiederinbetriebnahme der Strecke Mohrenstraße – Wittenbergplatz.
1994 ◦ Die Linie 8 erreicht ihren nördlichen Endpunkt Wittenau (Wilhelmsruher Damm).
1995 ◦ Wiederinbetriebnahme der Strecke Warschauer Straße – Schlesisches Tor.
1996 ◦ Die Linie 8 erreicht ihren südlichen Endpunkt Hermannstraße.

Das Berliner U-Bahnnetz weist damit eine Länge von 143 km auf. Wer Genaueres beziehungsweise alles über die inzwischen 169 Bahnhöfe und ihre Architektur nachlesen möchte, der greife zu den vorzüglichen Werken von Sabine Bohle-Heintzenberg und Jürgen Meyer-Kronthaler (siehe Literaturverzeichnis). Einen umfassenden Überblick über die Berliner U-Bahn finden Sie bei Ulrich Lemke und Uwe Poppel und in der Sonderausgabe »Nahverkehr in Berlin« der Zeitschrift *Straßenbahnmagazin/Nahverkehr* (S. 46–71). Detailreiche Informationen über die Linien 1, 2 und 8 geben die »Geschichte(n) aus dem Untergrund« des Denkmalpflege-Vereins Nahverkehr Berlin (DVN). Wer es poetischer und irgendwie »linksliterarischer« – im Stil von »Kopf und Bauch« und *taz* – mag, alles wirklich eindrucksvoll, der schlage nach im U-Bahn-Lesebuch aus dem Verlag Gerald Leue, wo sich zum Beispiel das schöne Stimmungsbild meines geschätzten Krimischreiberkollegen Frank Göhre aus Hamburg findet: *Hier unten treffen Leute zusammen, die oben in den Straßen achtlos aneinander vorbeilaufen, sind für Minuten auf Körperkontakt, steht der Bankangestellte neben dem Freak, setzt sich die Verkäuferin neben den Studenten, der Levi-Strauss durcharbeitet. Hört man Musikfetzen aus dem Walkman, geht der Blues ab, jeden Morgen: Osterstraße, Emilienstraße, Christuskirche, Schlump. Aussteigen, Einsteigen, Umsteigen. Anschluß in Richtung. Knoten. Verbindungen. Ein weitverzweigtes Netz, aufgezeichnet auf Tafeln zur Orientierung, farbige Linien, Adern, in denen es von früh bis spät heftig pulsiert, keine Ruhe gibt, kein Stillstand.* (S. 13)

Auch Ivo Köhler beschwört in der Broschüre »Tunnelmania« den »Mythos U-Bahn«. Er führt aus, daß die Erbauer der Bahnen um die Jahrhundertwende das Ihre taten, *um den Gängen unter dem Pflaster mystisches Flair zu verleihen*, und definiert: *Mythos: Person, Sache, Begebenheit, die (aus meist verschwommenen, irrationalen Vorstellungen heraus) glorifiziert wird, legendären Charakter hat; auch: falsche Vorstellung, »Ammenmärchen«* … (Gympel u. a., S. 92 f.)

Ja, sicher, ich glorifiziere die U-Bahn, aber das wird mich nicht hindern, auch vieles kritisch anzumerken, nach Meinung der BVG vielleicht zu vieles. Darum soll es dick unterstrichen werden: Dieses Buch ist eine Liebeserklärung an die U-Bahn, nach der an Straßenbahn und S-Bahn.

Nebenbei bemerkt: Keine Angst, liebe Buchhändler/innen, liebe Leser/innen: Erinnerungen an Busse, Taxen, Fähren, Achterbahnen, Fahrradrikschas und dergleichen wird es von mir nicht geben. Sie können aufatmen.

Ehe es nun endlich heißt »Nach Tegel einsteigen bitte, nach Tegel zurückbleiben«, wollen und müssen wir noch einen Augenblick bei den Fahrgästen, Bahnhöfen und Zügen verweilen, denn da gibt es vieles, das zur Berliner U-Bahn gehört wie das sprichwörtliche Namensschild an meiner Tür zu mir (siehe den Schlager von Marianne Rosenberg).

Der U-Bahnhof als Erlebnisraum

Warten wird im allgemeinen als ereignislose Zeit verstanden, die einzig und allein der Er-Wartung eines Ereignisses gewidmet ist. Sie ist das Uneigentliche, das Ereignis ist das Eigentliche. Ist das er-wartete Ereignis – im Guten wie im Bösen – von großer Fallhöhe, so inszenieren wir es jedoch während des Wartens in Gedanken vorweg. Wir empfinden Vorfreude – bekanntlich die schönste aller Freuden – oder erleben Stunden voller Qualen; die Wartezeit ist also nicht etwa leer, sondern erfüllt. Nun ist die Ankunft eines U-Bahnzuges an einem Tage wie jedem anderen ganz sicher kein außergewöhnliches Ereignis, und die Zeit des Wartens wird wohl von den meisten Fahrgästen als verloren betrachtet. Das muß aber nicht so sein, denn für den, der den Blick dafür hat, sind die Berliner U-Bahnhöfe eine durchaus spannende Angelegenheit. Es gibt viel zu sehen, viel zu entdecken, viel zu erleben. Schauen wir mal und bringen alles in eine alphabetische Ordnung …

Accessoires und Assoziationen von A bis Z

Ängste Neben der Klaustrophobie gibt es eine Reihe weiterer Ängste, unter der U-Bahnfahrgäste leiden können, nämlich 1. vor den einfahrenden Zug zu stürzen oder gestürzt zu werden, 2. nicht mitzukommen, 3. keinen Sitzplatz oder 4. nur einen sehr ungünstigen Stehplatz zu bekommen, 5. plötzlich Durchfall zu haben (a) oder ganz dringend die Blase entleeren zu müssen (b), 6. während der Fahrt einen Herzinfarkt oder wenigstens einen Ohnmachtsanfall zu erleiden, 7. bestohlen, 8. angepöbelt, 9. in unerwünschte Gespräche verwickelt, 10. von Betrunkenen beschmutzt, 11. von Stadtstreichern und anderen angebettelt, 12. mißhandelt, verletzt oder gar ermordet zu werden, 13. bei einem Tunnelbrand qualvoll zu ersticken, 14. ohne gültigen Fahrausweis erwischt zu werden, 15. die Zielstation zu verpassen und 16. etwas im Zug zu vergessen. (Von 17–20 bitte gemäß eigener psychischer Defekte sorgfältig ergänzen.) Wer auf einem Bahnhof steht und wartet, kann diese Ängste manchmal von den Gesichtern ablesen.

Aufstellanlagen U-Bahn-Narren genießen es jedes Mal wieder, auf Endbahnhöfen, Osloer Straße beispielsweise, einen freien Blick auf die Kehrgleise zu haben. Wenn ein Zug losfährt und in den Bahnhof rollt, ist das so schön, als würde man an seiner häuslichen Modellbahn stehen und den Regler aufdrehen. Der Wagen ist leer und unberührt – ich bin als erster drin!

Ausgänge »Der Herr segne Deinen Ausgang …« Wenn ich das bei Beerdigungen höre, muß ich immer an die U-Bahn denken. Trotz aller Beschilderung ist dort mein Ausgang selten gesegnet, denn ich gerate immer an und in den falschen. Und bis man sich oben dann orientiert hat! Zuerst ist man immer ganz erschrocken: »Wo bin ich?« Kommt dann noch das »Wer bin ich?« hinzu, nennt die einschlägige Fachwissenschaft das De-Personalisation, und man sollte sich in Behandlung begeben.

Bahnsteigkanten An denen heißt es: Vorsichtig sein! Wer wird schon gern erfaßt – sei es bei der Volkszählung oder von einem Zug. Auf dem Bahnhof Karl-Marx-Straße ist einmal eine Bahnsteigkante auf einer Länge von mehreren Metern abgebrochen. Wenn das nun passiert wäre, als ich selber ... Die weißen geriffelten Fliesen, welche die Blinden warnen sollten, sind ebenso neu wie nützlich.

Beleuchtungskörper Ach, was waren die Berliner U-Bahnhöfe früher funzlig – so als würden Sie zu Hause Ihr größtes Zimmer mit einer 15-Watt-Lampe beleuchten. Heute ist das anders. Von der bloßen Neonröhre bis zum Riesenkandelaber finden wir alles, was es auf dem Markt gibt.

Beschilderungen Früher hatten viele Bahnhöfe eine eigene Schrifttype; heute ist fast alles genormt, was da auf den Bahnsteigen angebracht ist – wenn auch die Norm nicht sehr einheitlich zu sein scheint. Nur an den Wänden findet sich oft noch die alte Vielfalt und gibt jedem Bahnhof sein eigenes Gesicht.

Decken Mal sind sie hoch wie im Bahnhof Rathaus Spandau, mal niedrig und eckig wie im Friedrichsfelder. Mein Cousin Curt hat beim Anblick des Gartens unserer Tante Lolo einmal ausgerufen: »Jeder Baum ist anders!«, und das dürfte auch für die meisten U-Bahnhöfe gelten, mit Ausnahme der neuen am Ende der U 5 vielleicht.

Dreck Ist ein integraler Bestandteil der Berliner U-Bahnhöfe, obwohl die BVG sich alle Mühe gibt, ihn immer schnellstmöglich zu beseitigen. Eine gewisse Verkommenheit ist allerdings auch unerläßlich, will Berlin wirklich Weltstadt sein. Kippen im Schotter, Bierbüchsen zwischen den Schwellen, verschütteter Saft auf den Bänken und Kaugummi auf dem Bahnsteigbelag sind wichtig für das Image Berlins.

Fahrpläne Hängen überall aus, sind aber von mir ohne Brille kaum zu lesen und, habe ich diese dann umständlich aus Jacke und Etui gezogen und aufgesetzt, nur mühsam zu deuten. Mo – Fr, So und Sbd. Und dann immer nur von ... bis ... Was haben wir gerade? Zusätzlich verwirren die halben Minuten.

Fahrradfahrer Ich bin sehr dafür, daß man Fahrräder auch in der U-Bahn mitnehmen kann, insbesondere in den Waggons, in denen ich nicht selber sitze oder stehe. Spannend ist es auch, Sportsfreunden zuzusehen, wie sie auf langen Bahnsteigen für die Sprintankunft einer Tour-de-France-Etappe üben.

Fahrscheinautomaten Ich hasse sie! Sie haben Arbeitsplätze vernichtet und viele Menschen in tiefe Depressionen gestürzt. Früher habe ich gesagt »Zoo, bitte«, dann war die Sache erledigt, heute stehe ich vor der Tastatur wie der Ochs vorm Tore und muß mich mühsam in die Tarifwelten hineinfummeln. Und habe ich's endlich begriffen, fällt meine Münze

Nicht nur U-Bahnschilder aus vergangenen Jahrzehnten wurden von zwei rührigen Mitarbeitern der U-Bahn in mühevoller Arbeit vor dem Abfallcontainer gerettet.
Zu sehen sind diese Schätze einmal monatlich im U-Bahn-Museum im obersten Stock des U-Bahnhofs Olympia-Stadion.

Der Entwerter. Er gibt dem ungenutzten Fahrausweis erst seinen Wert. Das entwertete Ticket wird jedoch wertlos, wenn der Fahrgast es nicht sofort zum Fahrtantritt nutzt.

wieder raus oder mein Geldschein wird so brüsk zurückgewiesen, als hätte mich die Elektronik als Falschmünzer entlarvt. Na schön, jetzt streicht die BVG ihre Automaten wenigstens gelb und weiß, so daß man sie nicht mehr so leicht erkennen kann wie früher in Ihrem Warnorange.

Fahrscheinentwerter Früher waren sie knallrot, und man hat sie sofort gesehen; heute sind auch sie weiß und gelb – erinnern von daher an Narzissen im Schnee, was ja sehr schön und künstlerisch auch wertvoll ist – und sind erst zu sehen, wenn man gegen sie gelaufen ist. Sie leiden einsam vor sich hin, und in regelmäßigen Abständen, immer wenn sie weiterschalten, hört man ihr trauriges »Pling …«, was schon Goethe zu seinem Bestseller »Die Leiden des jungen Entwerters« angeregt hat.

Fahrscheinverkäufer/innen Gibt es leider nicht mehr. Ach, wie habe ich sie mit blanken Kinderaugen bewundert, wenn sie hinter dem Schalterfenster an ihren blinkenden Messingmaschinen gesessen und die ausgedruckten Fahrscheine abgerissen haben!

Fahrstühle Eignen sich nicht nur zur bequemen Überwindung von betriebsbedingten Höhenunterschieden, sondern auch zu der Beobachtung, daß sie nicht etwa besonders von jenen frequentiert werden, für die sie gedacht sind, als da wären: Rollstuhlfahrer, Kinderwagenschieber, Alte und Gebrechliche, sondern vielmehr von denen, die durchaus auch laufen könnten. Deren Spaß besteht dann hauptsächlich darin, die Bedürftigen ganz hinten in der Schlange zu sehen.

Fliesen Sollten eigentlich an den Wänden sitzen, sind aber des öfteren herabgefallen. Auf manchen Bahnhöfen nur teilweise – Westhafen zum Beispiel –, auf anderen aber ganz, siehe Bernauer oder Blissestraße. Das hat einen ungeheuren Charme, und man sollte es so lassen. Die nicht sanierte S-Bahn war ja auch viel stimmungsvoller als die von heute. Öffentliche Armut ist schließlich das hervorstechende Merkmal der Moderne, und Berlin sollte sich ihrer nicht schämen, sondern sie weiter nach Kräften fördern.

Gänge Hiermit sind keine Aus-, sondern Übergänge gemeint, oft endlos lang – so etwa der »Mäusetunnel« zwischen dem U 2- und U 6-Bahnsteig der Station Stadtmitte oder der bergwerksähnliche Stollen im Bahnhof Hallesches Tor. Sie sorgen dafür, daß nach längerem Sitzen im Zug der Blutkreislauf wieder auf Touren kommt. In den BVB 11/95 lese ich, daß im »Mäusetunnel« das System »Video Alarm 3000« installiert werden soll. *Da eine ständige Überwachung des Verbindungstunnels zu personalintensiv ist, schaltet sich das System erst bei einem Schlüsselwort (hier »Hilfe« in deutsch, englisch oder türkisch) ein.* (S. 223) Hm … Da lernt man doch immer, daß man »Feuer« rufen soll, damit die Leute einem wirklich helfen. Und wenn ich nun scherzhaft rufe: »Wo ist denn hier die Erste Hilfe?«

Gefahrsignalschalter Sehen wie die Notbremsen in den Zügen aus, hängen aber auf den Bahnsteigen, meist am Stationsvorsteherhäuschen, und man betätigt sie, um einen in den Bahnhof einfahrenden Zug abrupt zum Stehen zu bringen. Etwa, wenn man kurz vor seiner Ankunft auf die Schienen gefallen ist. Oder habe ich da was falsch verstanden?

Graffiti Sind auf fast allen Bahnhöfen zu bewundern und erfreuen die Rechten vor allem, wenn sie wieder weg sind. Die einen, sagen sie, drücken sich halt auf dem Klo aus, die anderen mit der Sprühflasche. Die Linken hingegen bekommen leuchtende Augen. Für sie ist es a. Kunst und/oder b. berechtigter Ausdruck des noch berechtigteren Protestes der Jugendlichen, die mit dem Gefühl, einmal so richtig wahrgenommen zu werden, ihre Ich-Identität stärken – nach dem Motto: Gebt mir Sinn und Arbeit, dann höre ich zu sprayen auf.

Haltetafeln Bestehen aus großen schwarzen Ziffern auf weißem Grund und sind für den Lernerfolg unserer Vorschulkinder kontraproduktiv, da sie mit ihrem *2, 4* und *6* nicht so ganz Adam Riese entsprechen. Auch dem U-Bahn-Kenner bringen sie nicht viel, denn woher soll er wissen, ob der Zug mit zwei, vier oder sechs Wagen aus dem Tunnel kommen wird. Hauptsache aber, der Fahrer ist über die Länge seines Zuges ausreichend informiert und hält da, wo es das Gesetz befiehlt.

Imbißstände Gibt es auf vielen Stationen, und auf manchen – wie zum Beispiel Alexanderplatz (U 2) und Leopoldplatz (U 9) – sind es eigentlich schon Bistros. Es ist sicher nur eine Frage der Zeit, dann gibt es auch Tische, Stühle und Kellnerinnen auf den dazu geeigneten Bahnsteigen.

Körperkontakt Ist auf Umsteigebahnhöfen wie Alexanderplatz, Berliner Straße oder Zoologischer Garten kostenlos zu haben. Während man früher nur Tritte in die Hacken bekam, kann man es heute auch genießen, wenn einem Rucksäcke um die Ohren gehauen werden (siehe weiter unten). Im *Signal* 6/96 steht dazu eine hübsche Glosse von Ingo Franßen über den Fahrgaststau, in der es unter anderem heißt:

Aus der Verkehrsbehörde ist … zu hören, daß bei Treppen und Gängen, an denen der Fahrgaststau immer wieder auftritt, mit entsprechenden Schildern gewarnt werden soll. Man denkt auch an lichtsignalgesteuerte Anlagen, die bei Auftreten des Fahrgaststaus aufleuchten und zur Reduzierung der Abgangsgeschwindigkeit auffordern. (S. 19)

Der medizinisch-psychologische Fachausdruck für das lustbetonte Reiben der eigenen Genitalien an den bekleideten Körpern anderer Menschen heißt übrigens Frottage und gilt schon als Sexualdelikt.

Kommandozentralen Auf dem Bahnhof Alexanderplatz (U 8) und vielen Stationen der Linie 5 saß bis zum Herbst 1998 das BVG-Personal in einer erhöhten Kanzel, ähnlich dem Tower eines kleinen Flugplatzes. Wenn man dicht herantrat, konnte man den Mitarbeitern beim Fernsehen zusehen: Bahnsteigbilder in Schwarzweiß.

Lagepläne Mit einem dicken grünen Kreis zeigen sie einem an, welche Straßen und bedeutenden Einrichtungen sich jeweils in der Nähe des Bahnhofs befinden.

Langeweile Ist eine Folge der Faulheit: Man hat es versäumt, die Kunst des Wartens zu lernen. Für Langeweilegeplagte gibt es jetzt auf einigen Bahnhöfen (z. B. Zoologischer Garten – U 9) Videowände mit Werbung. Sie hängen jenseits der Gleise an den Kacheln, damit die Leute stehenbleiben und schauen – und zwar genau an den Auf- beziehungsweise Abgängen, was den Menschenfluß auf den ohnehin zu engen Umsteigebahnhöfen nicht wesentlich beschleunigt.

Lautsprecher Sind zweifellos sehr nützlich, oft aber nehmen sie ihren Namen zu wörtlich und sind so laut, daß man sich Ohrenstöpsel wünscht.

Lustgefühle Sind auf Berliner U-Bahnhöfen – da zahle ich gern 50 Mark in die Chauvikasse – beim Anblick manch weiblichen Geschöpfes kostenlos zu haben, werden aber auch schon dadurch ausgelöst, daß zu bestimmten Tageszeiten der nächste Zug schon nach 9 Minuten – bzw. überhaupt (noch) – kommt.

»Still stehen, Hände loslassen« und »Prüfe Dein Gewicht«. Für einen Groschen erfährt der Fahrgast nicht nur sein Gewicht, sondern kann sich auch den faszinierenden Bewegungen der Mechanik im Innern der Präzisionswaage widmen.

Netzspinnen Wenn sie groß an den Wänden hängen, sind sie ein wunderschönes Spiel für mich. Ich werde nicht müde, den bunten Linien zu folgen und die verschiedenen Möglichkeiten, von A nach B zu kommen, theoretisch zu ermitteln. Jugend forscht für Olympia. Wenn ich von Friedrichsfelde zum Bundesplatz will, wie schaffe ich das mit den wenigsten Stationen: Wenn ich vom Alexanderplatz mit der U 8 bis Osloer Straße und dann mit der U 9 bis Bundesplatz fahre – oder mit der U 2 bis Zoo und dann weiter mit der U 9 ...? Auch kann man sich vornehmen, alle Bahnhöfe sämtlicher Linien auswendig zu lernen. Ich glaube, ich schaffe das schon zu 91,64 Prozent und habe nur bei der U 5 zwischen Friedrichsfelde und Hönow meine Schwierigkeiten.

Notrufsäulen Sind schön anzusehen und außerordentlich praktisch. Hinter mir steht ein Gangster, zückt sein Messer und ruft das, was er rufen muß, wenn er seine Rolle richtig spielen will: »Geld her, oder ich steche dich ab!« – »Moment«, sage ich da, »ich drücke nur mal schnell den roten SOS-Knopf hier, dann sehen sie uns per Videokamera und Bildschirm in der Zentrale. Und wenn wir noch zehn Minuten miteinander plaudern, sind die Sicherheitskräfte zur Stelle. Also ... Wie ist es nun mit Hertha: Steigen sie ab oder halten sie die Liga?«

Papierkörbe Sind aufgestellt für alle die, die Basketball lieben, aber für diese Sportart nicht sehr begabt sind. Kaum ein Dreier gelingt ihnen, und so liegen denn auch ihre Ersatzbälle, als da sind: leere Dosen und Schachteln, vollgerotzte Tempotaschentücher, zusammengeknüllte Zeitungen und halbgegessene Äpfel, zumeist neben dem Korb.

Personenwaagen Stehen nicht nur im Museum für Verkehr und Technik, sondern auch auf Bahnhöfen wie Heidelberger und Strausberger Platz und sind immer ein paar Groschen wert. (Vgl. auch »Elektrische Präzisionswaage mit Kartenausgabe« S. 22)

Pfeiler Sind zumeist aus genietetem oder glattem Stahl oder aus mit Fliesen verkleidetem Beton und sollen eigentlich die Decke stützen, dienen aber auch anderen Zwecken, so zum Beispiel dem Aufhängen von Lautsprechern, Gefahrsignal-Schaltern oder Hinweistafeln und dem Dagegenlaufen. Aua, Scheiße!

Reklametafeln Werbung muß sein, ich weiß, und da wir das auf den U-Bahnhöfen nicht bezahlen können, darf ich Sie an dieser Stelle auf meine Romane »Brennholz für Kartoffelschalen«, »Capri und Kartoffelpuffer« sowie »Champagner und Kartoffelchips« – in denen auch viel U-Bahn vorkommt – und natürlich auf das zusammen mit Jan Eik geschriebene »Berlin-Lexikon« – in dem noch mehr U-Bahn vorkommt – aufmerksam machen.

Rolltreppen Sind eine herrliche Erfindung, ganz besonders, wenn sie funktionieren und so lang sind wie die auf den Bahnhöfen Gesundbrunnen, Schloßstraße oder Kottbusser Tor. Früher stand »Rechts stehen, links gehen« über jeder Rolltreppe, was sehr praktisch war. Heute blockieren die Lahmärsche, indem sie auch links stehenbleiben, den Dynamischen die Wege. Mein Zug geht erst in fünf Minuten, warum soll ich mich da etwas schneller bewegen?

Rucksackträger/innen Rucksacktragen ist schön; ich habe auch einen. Und wir Rucksackträger/innen haben viel gemeinsam, doch bei einigen Exemplaren dieser Spezies scheint der IQ nicht für die Erkenntnis zu reichen, daß sie sich nicht so umdrehen können, als wären sie flach wie ein Besenstiel oder ein Laternenpfahl, da die erhebliche Ausbuchtung, die sie hinten aufweisen, beim Umdrehen infolge der Fliehkraft wie eine Abrißbirne wirkt. Krach, und mir an den Kopf!

Elektrische Präzisionswaage mit Kartenausgabe

Fünfzig Personenwaagen stehen noch auf den Berliner U-Bahnhöfen – meist vor einem Bahnhofspfeiler. Bereits mehr als sieben Jahrzehnte schmücken sie die Bahnsteige. Sie sind beige, dunkelrot oder grün lackiert und wiegen etwa fünf Zentner. »Prüfe Dein Gewicht.« Meist erhalten die Fahrgäste ein Kärtchen, auf dem neben dem aktuellen Datum ihr Gewicht vermerkt ist.

Ende der zwanziger Jahre wurden von der Berliner Firma Dr. Hartwig und Co. Aktiengesellschaft, Berlin SW 61, Tempelhofer Ufer 36, derartige »Wagen« – damals tatsächlich noch mit nur einem »a« geschrieben – auf zahlreichen Bahnhöfen im gesamten Deutschen Reich aufgestellt. Von ihr wurden auch die den älteren Fahrgästen vielleicht noch geläufigen Zündholzautomaten betreut.

»Still stehen – Hände loslassen«: die Wiegeordnung. Dieser Aufforderung sind in den vergangenen Jahrzehnten unzählige Menschen gefolgt, nachdem sie einen Groschen für den Waageautomaten geopfert hatten. Was bekommt man sonst heute schon noch für einen Groschen?! Die Technik scheint hier sehr lebendig: Mit lautem Surren und Rattern setzt sich das – durch eine Glasscheibe deutlich sichtbare – Hebelwerk in Bewegung, und das Ergebnis (in Kilogramm) steht auf dem anschließend ausgeworfenen Kärtchen. Dieses hat übrigens das klassische Fahrkarten-, das sogenannte Edmonsonsche Format, in dem seit Ende des 19. Jahrhunderts Eisenbahnfahrkarten hergestellt wurden (57 x 30,5 mm). Unter dem Ausgabeschacht ist auf einer Tabelle nachzulesen, was Damen und Herren, Knaben und Mädchen je nach Größe und Alter gewöhnlich wiegen (sollten).

Waren diese Waagen anfangs über ganz Deutschland verbreitet, haben sich bei der Deutschen Bahn inzwischen moderne elektronische Modelle durchgesetzt. Nicht so in Berlin: Hier ist ein Stück Nostalgie bewahrt worden. Anfang der achtziger Jahre verschrottete der damalige Eigentümer, Günter Classen, im Zuge der Räumung seines Lagers in Kreuzberg zwar einige der zum Teil bereits ausgeschlachteten Waagen, doch für die Exemplare auf den Bahnhöfen wurde weiter gesorgt, und einzelne der ausgemusterten Automaten fanden noch private Liebhaber. 1987 übernahm Peter Schulz die in Ost-Berlin seinerzeit vorhandenen 17 Waagen; ein halbes Jahr dauerte es, bis er die Genehmigung bekam, ein privates Gewerbe aufzumachen. Nach der Wende kaufte er die in West-Berlin noch vorhandenen 55 Exemplare hinzu – komplett mit einem Sortiment von Ersatzteilen. Für die Karten hat er inzwischen auch einen Sponsor gefunden. Täglich sitzt Peter Schulz bis zu fünf Stunden in der U-Bahn, um zu seinen »Schützlingen« zu fahren. Wie ein Klempner ist er mit seinem Werkzeugköfferchen unterwegs und prüft mit viel persönlichem Einsatz ihre Funktionstüchtigkeit. Setzt mal die ganze Mechanik aus, kommen die Waagen nach Mahlsdorf zur Reparatur. Eines steht fest: Über sein aktuelles Gewicht ist Peter Schulz stets bestens im Bilde.

Etliche Währungen haben diese liebenswert veralteten U-Bahnhof-Möbel inzwischen klaglos überdauert: Anfangs mußten sie mit Reichspfennigen gefüttert werden, nach Zweitem Weltkrieg und Währungsreform zunächst nur mit Ost-Groschen, da das in West-Berlin anfangs kursierende Papiergeld wenig geeignet war, und nach der Blockade schließlich auch mit den begehrten West-Groschen. Ob sie die kommende Umstellung auf den »Euro-Cent« wohl ebenso klaglos überleben werden?

Selbstmörder/innen Sind die tragische Seite des Erlebnisraumes Bahnhof. Fast täglich lesen wir vom Suizid mittels U-Bahnzug, und nur selten ist die Sache auch tragikomisch – wie allerdings in diesem Fall:

Am Sonntag, den 18. 1. 1998 *wußten selbst die abgebrühten Beamten aus dem Polizei-Lagedienst nicht, ob sie lachen oder weinen sollten. Gegen 14 Uhr 15 kletterte … ein Mann vermutlich in Selbsttötungsabsicht vom Bahnsteig des U-Bahnhofs Walther-Schreiber-Platz*

Signal mit mechanischer Fahrsperre auf der Hochbahnstrecke Gitschiner Straße; A 1-Sechs-Wagen-Zug Ende der sechziger Jahre westlich des Bahnhofs Prinzenstraße auf der Fahrt zum Kottbusser Tor.

und legte sich zwischen die Gleise. Die Fahrerin eines Zuges erkannte die Person jedoch rechtzeitig und brachte die Wagen haarscharf vor dem Mann zum Stehen. Nach Aussagen von Polizeibeamten stand dieser auf, klopfte sich seelenruhig den Staub aus dem Mantel und kletterte wieder auf den Bahnsteig. – Dennoch mußte ein Notarztwagen ausrücken. Denn die Fahrerin erlitt einen Schock … Der Verkehr auf der Linie 9 war 40 Minuten in beiden Fahrtrichtungen unterbrochen. (Der Tagesspiegel, 19. 1. 1998)

Das *zwischen die Gleise* hätte um des Effektes willen hervorgehoben werden müssen, denn: Wer zwischen den Gleisen liegt, dem passiert im Regelfall nichts. Sich zwischen zwei Schienenstränge zu legen ist bei weitem nicht so gefährlich wie sich zwischen zwei Stühle zu setzen.

Selbstfahrer Ich frage den Verkehrssenator: Stimmt es, a. daß zwecks weiteren Personalabbaus bei der BVG ab 1. 1. 2000 die U-Bahnzüge von dazu berechtigten Fahrgästen selber gefahren werden sollen, und plant der Senat b. die rechtzeitige Ausgabe von U-Bahn-Führerscheinen für Nicht-BVG-Angehörige? Und wie wird c. sichergestellt, daß immer genügend Fahrgäste mit einer gültigen U-Bahn-Fahrberechtigung zur Stelle sind?

Servicepersonal Ist zwar im Stellenplan vorhanden, empirisch aber schwer auffindbar; zumindest gilt da die alte Weisheit meines Vaters, die er vor Jahrzehnten anläßlich der Reklame für einen Haushaltsfeuerlöscher preisgab: »Minimax ist großer Mist, wenn de nich zu Hause bist.« Überall aber hängen Plakate mit der frohen Botschaft: »Jetzt völlig aus dem Häuschen: das mobile Fahrgast-Serviceteam der BVG.« Mir – und sicherlich 99,2 Prozent aller Fahrgäste – wäre der/die gute alte Zugabfertiger/in zu jeder Zeit auf jedem Bahnsteig viel lieber. Wir fordern also: Wieder *Tiger in den Tunnel* – und zwar Zugabfertiger.

Signale Stehen auf jedem Bahnsteig, zumindest da, wo die Züge in den Tunnel fahren, und zeigen auch bei der U-Bahn grün und rot. Die weißen Signale, die dem Fahrer das Zeichen zum Losfahren geben, werden im Frühjahr 1999 abgeschafft. (Vgl. auch »U-Bahn-Signale und Zugabfertigung« S. 24)

Sitzbänke Sind mal aus Holz und mal aus Drahtgeflecht. Möchte man kreativ sein – und nur als Kreativer gilt man ja in dieser Gesellschaft noch etwas –, suche man sich die hölzernen Bänke und kratze dort seine Ornamente, Botschaften an die Weltbevölkerung oder Sauereien in die vielschichtige Farbe.

Spiegel Stehen neuerdings immer auf den Bahnsteigen, wo sich die Fahrer selbst abfertigen. Selbst-

U-Bahn-Signale und Zugabfertigung

Ohne eine geregelte Steuerung der Züge würde es im U-Bahnnetz zum Chaos kommen. Die Steuerung der Züge erfolgt durch die an den Strecken stehenden Signale, die von diversen Stellwerken überwacht werden. In den ersten Jahrzehnten wurden Formsignale – den damaligen Signalen der Eisenbahn ähnlich – zur Zugsicherung aufgestellt. Bereits 1913 wurde jedoch auf dem Streckenabschnitt Spittelmarkt – Nordring (heute Schönhauser Allee) eine selbsttätige Streckenblockung eingeführt. Dabei übernehmen die Züge selbst die Steuerung der Signale und damit die Sicherung ihrer Fahrt.

Bis 1928 hatte man die Formsignale auf allen Strecken durch Lichtsignale ersetzt, die mit mechanischen Fahrsperren ausgerüstet waren. Diese bestanden im wesentlichen aus einem Hebel am Fahrzeug (auf dem Dach beim Kleinprofil, am Fahrgestell beim Großprofil) und einer entsprechenden Vorrichtung an den Signalen. Wurde ein »Rot« zeigendes Signal versehentlich überfahren, kam es durch das Ansprechen der mechanischen Fahrsperre zur sofortigen Bremsung. Das Prinzip ist bis heute im wesentlichen dasselbe geblieben, allerdings wurde die mechanische Fahrsperre seit den fünfziger Jahren nach und nach durch eine magnetische ersetzt, die im Gleis zwischen den beiden Schienen liegt. Auf den Streckenteilen in Ost-Berlin hat man die mechanische Fahrsperre erst Anfang der neunziger Jahre ausgetauscht.

Mitte der siebziger Jahre wurde auf der Linie 9 (Osloer Straße – Rathaus Steglitz) ein automatischer Zugbetrieb (System LZB 500 der Firma Siemens) eingerichtet; 1981 wurde ein anderes System eines automatischen Zugbetriebes (SELTRAC der Firma SEL) auf der Linie 4 (Nollendorfplatz – Innsbrucker Platz) installiert. Ein drittes System soll in den nächsten Jahren auf der Linie 5 (Alexanderplatz – Hönow) erprobt werden.

Die Abfertigung der Züge oblag jahrzehntelang den Zugabfertigern (Za) auf den Bahnhöfen, die mittels des Befehlsstabes (der »Kelle«) den Abfahrauftrag erteilten. Der Zugfahrer (Zf) wurde von einem Zugbegleiter (Zb) unterstützt, der den Abfahrauftrag an ihn weiterleitete. Die Rationalisierung machte jedoch auch vor der U-Bahn nicht Halt. Ende der fünfziger Jahre übernahm der Zugbegleiter auf einigen Strecken (unter anderem der heutigen Linie U 4) die Aufgaben des Zugabfertigers. Auf diesen Bahnhöfen rief der Zugbegleiter den Bahnhofsnamen aus und gab dem Zugfahrer nach erfolgtem Fahrgastwechsel den Abfahrauftrag. Die unbesetzten Bahnsteige wurden an den Ausfahrtsignalen des Bahnhofs mit einem speziellen Signal namens »Schachbrett-Tafel« gekennzeichnet. Das System breitete sich weiter aus, wobei einige Bahnsteige oft nur zeitweise unbesetzt waren. Zu diesem Zeitpunkt war aber auf den meisten Bahnhöfen dennoch Personal vorhanden, da der Fahrscheinverkauf von Hand erfolgte und noch nicht durch Fahrscheinautomaten. Auch die U-Bahn in Ost-Berlin führte auf diversen Bahnhöfen ein vergleichbares Abfertigungssystem ein.

Gänzlich eingespart wurde bei der BVG in West-Berlin jedoch nicht zuerst der Zugabfertiger auf den Bahnhöfen, sondern der Zugbegleiter – die U-Bahn führte den Einmannbetrieb ein. Der Abfahrauftrag des Zugabfertigers wurde nun mittels eines weißen Blinklichtes unterhalb der Ausfahrsignale an den Zugfahrer weitergegeben. Dieses Abfertigungssystem war Ende der achtziger Jahre auf allen West-Berliner Strecken installiert. In Ost-Berlin wurde ein ähnliches System eingeführt: Der Auftrag zum Schließen der Türen wurde durch einen weiß leuchtenden waagerechten Lichtbalken und der zum Abfahren durch einen grün leuchtenden senkrechten Lichtbalken erteilt.

Der Zwang zur Personalreduzierung – so ist das Verkaufspersonal zwischenzeitlich durch Fahrausweisautomaten ersetzt worden – führte in den neunziger Jahren sogar zur »Fahrerselbstabfertigung«. Unterstützt durch Spiegel und in einigen Fällen (bei unübersichtlichen Bahnsteigen) durch Fernsehmonitore, übernimmt der Zugfahrer jetzt selbst die Abfertigung seines Zuges. Als letzte Linien werden demnächst die U 5 und U 7 auf dieses System umgestellt. Angezeigt wird es durch einen weißen senkrechten Streifen am Ausfahrsignal. Die Bahnhöfe sind nun wirklich unbesetzt.

Sitzbänke auf Bahnhöfen – einmal modern aus Drahtgeflecht auf dem Bahnhof Ernst-Reuter-Platz (1996) und einmal historisch aus Holz auf dem Bahnhof Sophie-Charlotte-Platz (1970). Bequem sind weder die einen noch die anderen.

abfertigung klingt so nach Selbstbefriedigung, finden Sie nicht auch? Und zu fragen wäre natürlich, ob nicht die meisten Fahrer – wir Fahrgäste wohl ohnehin – die gute alte Fremdabfertigung durch einen bahnhofsstationären Zugabfertiger vorziehen würden.

Stadtpläne Gibt es auf allen Bahnsteigen, und wenn man eine Lupe und ein kleines Kissen, das man sich unter die Knie legen kann, mit hat, findet man die gesuchte Straße auch irgendwann – es sei denn, sie ist gerade einmal wieder umbenannt worden. Was als wahrscheinlich gelten kann, da immer wieder Politiker und Politikerinnen das Zeitliche segnen. Müssen sie auch, damit andere eine Chance bekommen. In den Lehrbüchern stand das früher unter »Kreislauf der Eliten«, heute fehlt dieses Stichwort. Warum wohl?

Stationsvorsteherhäuschen Heißen in der Fachsprache sicher anders, sind aber zumeist urgemütlich. Als Kind habe ich immer davon geträumt, einmal Zugabfertiger zu sein und hier mein Zuhause zu haben – im warmen Schein meiner Schreibtischlampe sitzen, Kaffee trinken und dann meine Kelle nehmen, um den nächsten Zug hoheitsvoll abzufertigen.

Stromschienen Sind im Kleinprofil nur seitlich und im Großprofil ganz abgedeckt, faszinieren aber in beiden Fällen gleichermaßen. Man springt hinunter, faßt an (die meisten Berliner sagen allerdings »fäßt an«) … und hat dasselbe herrliche Sterbeerlebnis wie die Studenten in dem Film »Flatliners«. Als männlicher Fahrgast kann man auch raufpinkeln. Das heißt wenn man jung genug ist, um noch einen ausreichenden Strahl zu haben. Für bloße Tröpfler ist das keine geeignete Methode, um Selbstmord zu begehen.

Stromschienenabdeckungen Sind immer braun oder grau, erst im Kleinprofil neuerdings auch knallig gelb, und waren früher aus Holz. Jetzt sind sie natürlich aus Kunststoff geformt und werden nur noch aufgeclipst.

Schotter Dient eigentlich der Fixierung der Gleise, wird aber zunehmend als Aschenbecher und Müllkippe genutzt.

Schwellen Dienen ebenfalls der Fixierung der Schienen, erzeugen aber im Gegensatz zum Schotter die nach ihnen benannte Angst. Meistens ist es ja auch wirklich letal, wenn man auf die Schwellen fällt, vor allem dann, wenn ein Zug einfährt und einen überrollt.

Treppen Eignen sich nicht nur zum Betreten und Verlassen der Bahnhöfe, sondern auch zu Stürzen. Wobei natürlich die zu beglückwünschen sind, die eine Treppe hinauffallen.

Überwachungskameras Hängen überall herum und verhindern zwar keine Kriminalität, sorgen aber dafür, daß die Kerle auf wenig frequentierten Bahnhöfen ihr Wasser nicht mehr so oft am Bahnsteigende abschlagen. Oder erst recht? Ich sehe das Ganze als sehr ambivalent an. Ärgerlich ist, daß ich nun auf dem Bahnsteig nicht mehr zu popeln wage, erfreulich aber, daß ich mich hin und wieder – Friedrich-Wilhelm-Platz zum Beispiel – auf einem Bildschirm sehen kann. Ohne im Fernsehen gewesen zu sein, ist man ja heutzutage ein Nichts hoch drei.

Uhren Sind dazu da, daß man auf den Zeiger starren kann. Ruckend zieht er weiter. Als Kind hatte ich

Dieses Schild ist im U-Bahn-Museum wiederzufinden, es stammt aus dem ersten Jahrzehnt der U-Bahn.

immer die Befürchtung, er werde dabei abbrechen. Am Potsdamer Platz gibt es keine Zeiger mehr, da steht dann 11 : 11 neben dem Zugzielanzeiger.

Verbotsschilder Gibt es zumeist an den Bahnsteigenden. »Kein Durchgang« oder so ähnlich.

Wände Tragen nicht nur die Decke, sondern sind auch *das* Kennzeichen eines jeden Bahnhofs, was Farbe und Struktur betrifft. Ich habe sie fast alle im Kopf gespeichert. Unterschiede zu meinen vier Wänden zu Hause gibt es reichlich, ein ganz wesentlicher ist aber der, daß ich die Wände in einem U-Bahnhof *recht eigentlich*, um einmal Fontane ins Spiel zu bringen (siehe »Mord und Totschlag bei Fontane«, auch bei Jaron), nie anfassen kann, da sie immer erst meterweit hinter der Bahnsteigkante zu finden sind. Also *unbegreiflich* für mich, es sei denn, ich würde im Zug stehen, die Tür öffnen und hinauslangen, was aber ebenso verboten wie gefährlich ist und bei den modernen Fahrzeugen eh nicht mehr geht. Also, Frage: »Was ist unmöglich?« Antwort: »Auf einem U-Bahnhof mit dem Kopf gegen die Wand zu rennen.«

Warenautomaten Finden Sie überall, zumeist für Süßigkeiten, Zigaretten und Kondome. Dies, obwohl

Berlin kein Kondominium ist wie zum Beispiel die Antarktis.

Werbung Die alten A 1-Wagen habe ich nur mit der »Chlorodont«-Werbung vor Augen. In weißer Schrift auf blauem Grund und in einem weißen Kästchen: »Weiße Zähne **Chlorodont** Gesunde Zähne.« Mein Woytnik-Modell zeigt sie auch. Den BVB 11/94 entnehme ich, daß in neuerer Zeit nur drei U-Bahn-Doppeltriebwagen Total-Werbeaufschriften getragen haben: Nikita, Woll-Laube und Citibank. Viel wirkungsvoller aber war die Werbung *in* den alten Wagen – wer hat da nicht noch die Verse mit dem Paech-Brot im Kopf ... (Vgl. auch »›Paech-Brot‹-Werbung« S. 28)

Der historische Kleinprofil-Triebwagen 294 sowie sechs weitere Museumsfahrzeuge sind – einschließlich der »Chlorodont«-Werbung – liebevoll in ihren ursprünglichen Zustand zurückversetzt worden und kommen zuweilen wieder zum Einsatz, zur Freude aller U-Bahn-Fans.

Zeitungskioske Sind auch nützlich, wenn man nichts kauft, denn durch bloßes und mehrfach wiederholtes Umkreisen kann man eine Menge Zeit totschlagen, das heißt das lesen, was man sonst nicht gelesen hätte, und Magazine betrachten, die erstaunlicherweise auf keinem Index stehen. Auch über die Frage »Wer kauft denn das alles und aus welchen Motiven?« kann lange und intensiv nachgedacht werden.

Zigarettenkippen Sind die Zierde jedes U-Bahnhofs, und sie unten im Schotter auf nur einem Quadratmeter zu zählen beschäftigt einen garantiert bis zum Eintreffen des nächstes Zuges.

Zug Dort, wo Züge durch enge Tunnelröhren fahren, gibt es immer wieder Zug. Und in der Zugluft des engen Bahnsteigs Bundesplatz habe ich mir im schweißreichen Sommer 1982 eine schwere Bronchitis geholt.

Zugzwang Besteht in der U-Bahn (noch) nicht, das heißt, man kann sich aussuchen, mit welchem Zug man wohin fährt, und es ist auch statthaft, einen Zug davonfahren zu lassen und auf den nächsten zu warten, wenn er einem überfüllt erscheint. Häufig wird vom Personal direkt auf diese Möglichkeit hingewiesen.

Zugabfertiger/innen Waren früher auf jedem Bahnsteig zu finden, versehen aber heute leider nur noch auf größeren Stationen ihren Dienst. Seit meinen Kindheitstagen sehe ich ihnen gerne zu. »Nach Grenzallee einsteigen. Zurückbleiben!«, so klingt es mir immer noch im Ohr. Ein Bahnhof ohne sie ist kein Bahnhof mehr. Das hat nicht nur damit zu tun, daß sie einem mehr Sicherheit geben, sie sind auch das unabdingbare menschliche Element im Verkehrssystem. Gebt sie uns zurück!

»Paech-Brot«-Werbung

Den Berlinern ist neben der blau-weißen »Chlorodont«-Werbung an den Außenwänden der U-Bahnwagen (in den dreißiger und vierziger Jahren) insbesondere die Werbung für »Paech-Brot« im Fahrzeuginnenraum im Gedächtnis geblieben. Da die Sitze in den Fahrzeugen bis 1973 fast ausschließlich in Längsrichtung angebracht waren, richtete sich der Blick der Fahrgäste – wollten sie ihrem Gegenüber nicht ins Gesicht oder sonstwohin starren – fast automatisch auf die bunten Werbeflächen oberhalb der Wagenfenster. Bis zum Ansatz der Deckenwölbung befand und befindet sich hier ein etwa 20 cm breiter Streifen, der von der BVG schon früh als Werbefläche vermarktet wurde.

Fahrgästen, die in den fünfziger und sechziger Jahren in Berlin unterwegs waren, dürften die folgenden Sprüche sicher noch bekannt sein:

- Und der Orje fragt den Kulle, haste nicht 'ne Paech-Brot-Stulle?
- Gar furchtbar schimpft der Opapa – die Oma hat kein Paech-Brot da!
- Kuno sprach zu Kunigunde: »Paech-Brot ist in aller Munde!«
- Für jeden Sportsfreund ist es wichtig, wer Paech-Brot tippt, liegt immer richtig!
- »Mahlzeit, Herr Krause, na, wie geht's?« – »Recht gut! Ich esse Paech-Brot stets.«
- Ach liebe Mutti, bitte, bitte, gib mir noch 'ne Paech-Brot-Schnitte!

Aufgelockert wurden die Verse durch kleine, nahezu groteske Zeichnungen.

Kaum eine der anderen Produktwerbungen blieb so sehr im Gedächtnis haften. In der Popularität wurde sie bestenfalls noch erreicht von: »So nötig wie die Braut zur Trauung – ist Bullrich-Salz für die Verdauung.« In den achtziger Jahren kam es zu einer kurzen Renaissance der Paech-Brot-Sprüche. Es wurden ähnliche Texte kreiert, die jedoch nicht denselben Anklang fanden und bald wieder verschwanden, so:

- Paech-Brot gibt es täglich frisch – aus dem Ofen auf den Tisch.
- Haste im Verkehr mal Frust, mit Paech-Brot kriegste wieder Lust.
- Janz wurscht, wat druffliecht – eens ist wichtig: mit Paech-Brot liechste immer richtig!

In den letzten beiden Jahrzehnten sind diese Flächen in den U-Bahnwagen für Werbung kaum genutzt worden. Seit Mitte der neunziger Jahre finden sich hier die sogenannten »Perlschnüre«: die Darstellung der jeweiligen U-Bahnlinie mit den einzelnen Bahnhöfen und den zugehörigen Umsteigemöglichkeiten; die Bahnhöfe sind die »Perlen«. Werbung klebt nun häufig auf den Fensterscheiben.

Zugzielanzeiger Früher zogen die Zugabfertiger/innen die Schilder mit ihrer Kelle aus dem Kasten, heute haben wir entweder die formschönen Fallblattzugzielanzeiger (bei Microsoft Word vom Computer als Unwort ärgerlich rot unterkringelt) oder die altmodischen Transparentkästen, die wie selbstgebastelt wirken. Auf dem Bahnhof Alexanderplatz am Gleis 1 der U 8 haben sie zum Beispiel acht Felder. Oben finden wir: Richtung, Nicht einsteigen, Pendelbetrieb, leer. Unten sind zu erkennen: Hermannstraße, U 8, Wittenau, leer. Dabei ist »Pendelbetrieb« rot gehalten und U 8 blau.

Wenn der Zug, auf den Sie, liebe Leserin und lieber Leser, warten, nun noch immer nicht gekommen ist, dann sehen Sie sich doch noch schnell Ihre Mitwartenden etwas genauer an und prüfen Sie, zu welchem der 15 nachstehend aufgelisteten Typen sie recht eigentlich gehören. Hoffentlich nicht gerade zum letzten …

Kleine Typologie der Wartenden

1. Die Ruhelosen
Sie gehen nicht nur auf und ab, sondern unternehmen regelrechte Wanderungen von einem Bahnsteigende zum anderen. Wahrscheinlich waren sie schon als Kleinkinder hippelig, wissenschaftlich: hyperkinetisch. Sie müssen immer in Bewegung sein, sich alles anschauen, alles erforschen. Alle anderen Typen interessieren sie, und aus dem Anblick einiger ziehen sie auch einen Lustgewinn.

2. Die Einstiegsoptimierer
Wie die Ruhelosen legen sie längere Strecken zurück, doch lassen sie sich nicht ungerichtet treiben, sondern haben ein festes Ziel im Auge: bei Ankunft des Zuges nicht ausgerechnet da zu stehen, wo nur die Lücke zwischen zwei U-Bahnwagen klafft, sondern direkt vor einer Tür.

3. Die Angewurzelten
Sie kommen auf dem Bahnsteig an und verankern sich an einer x-beliebigen Stelle, von der sie nicht mehr weichen, was auch immer geschieht und mit wieviel Verspätung ihr Zug auch eintrifft. Ihre Blicke gehen ins Nichts, und sie weisen ein derart abgesenktes Bewußtsein auf, wie man es sonst nur bei Autogenem Training, Hypnose oder längerer Beschäftigung mit asiatischen Kontemplationstechniken erreichen kann.

Der am 27. April 1987 eröffnete Bahnhof Residenzstraße der Linie U 8 im Bezirk Reinickendorf. Preisfrage: Zu welchem Typ der Wartenden gehört die abgebildete Person?

4. Die Fußschwachen
Sie stürzen sich sofort auf die aufgestellten Bänke und lassen sich dort niedersinken. So selig sind sie dort, daß das Einlaufen des Zuges sie fast zu stören scheint.

5. Die Fleißigen
Sie nutzen die Wartezeit, um Hausaufgaben zu machen, Fachbücher zu lesen, etwas in ihren Laptop zu tippen oder sich Notizen für ein U-Bahn-Buch zu machen.

6. Die Kaufenden
Sie wissen, was Sache ist und daß der moderne Mensch nur ist, wenn er kauft. Also kaufen sie zumindest ihre Zeitungen und Zeitschriften in der U-Bahn, aber auch Zigaretten, Süßigkeiten und Kondome und nutzen Aufenthalte auf Bahnhöfen wie Zoo oder Alexanderplatz zu einem kleinen Einkaufsbummel.

7. Die Speisenden
Während des Wartens auf den nächsten Zug schnell mal 'ne Currywurst zu essen ist für viele schon zum Ritual geworden. Reisen macht hungrig, und zu verhungern ist ja eine der Urängste des Menschen. Vielleicht schmeckt Fast-food im Bahnhofsambiente auch besonders gut.

8. Die Kindzentrierten
Sie schieben Kinderwagen vor sich her, tragen Babys im Wickeltuch oder zerren ihre gerade lauffähigen Sprößlinge hinter sich her, immer in der Sorge, sie

könnten ihnen verlorengehen oder auf die Schienen stürzen.

9. Die Spielenden
Kids spielen Versteck hinter Häuschen, Säulen und Tafeln, rauschen auf Inline-Skates Bahnsteige und Gänge entlang und lieben es ganz besonders, auf abwärts laufenden Rolltreppen nach oben zu rennen.

10. Die Sichaustauschenden
Sie reisen zu zweit, dritt oder viert, und sie plaudern, klatschen, tratschen, plappern, lachen und kichern auf dem Bahnsteig, als würden sie auf einer Bühne stehen. Eine Unterform des Sichaustauschenden ist der Handybesitzer.

11. Die Sichinszenierenden
Nicht nur die ganze Welt, wie wir bei Shakespeare nachlesen können, ist eine Bühne, sondern auch der U-Bahnhof. Man kleidet und schminkt sich so, daß man anderen garantiert ins Auge sticht. Die Wartezeit wird so zum narzißtischen Glück.

12. Die Obdachsuchenden
Ihr Zuhause ist die U-Bahn, und wenn sie hier warten, dann auf Godot oder darauf, daß wieder ein Tag vergehen möge. Die Aktiveren unter ihnen warten auf den nächsten Zug, um einzusteigen und die »Motz«, die »Platte« oder den »Straßenfeger« zu verkaufen.

13. Die Abholenden
Sie warten nicht auf einen Zug, um mit ihm los- oder weiterzufahren; sie sind nur gekommen, um jemanden in Empfang zu nehmen. Rauscht es im Tunnel, flammt ihre Hoffnung auf. Wieder nichts, wieder keiner drin. Hoffen und Harren macht manchen zum Narren ... Einen Zug noch, dann gehe ich aber. Noch einen ... Hat er mich vergessen? Ist ihr womöglich was passiert? Bange Fragen. Ein dauerndes Hin und Her zwischen Mitleid und Verfluchung.

14. Die Taschendiebe
Man sieht es ihnen an, worauf sie warten, doch als Gutmensch verbietet man sich, das zu denken, was zutreffend ist.

15. Die Selbstmörder
Siehe oben. Sie warten auf den Tod und sehen so aus wie wir anderen auch, so daß man sie nicht hindern kann.

Diese Typologie der Wartenden auf Berliner U-Bahnhöfen ist natürlich nicht empirisch abgesichert, so daß ich Sie noch einmal ausdrücklich bitten möchte, weitere Wartezeiten im Berliner U-Bahnnetz zu nutzen, um 25 repräsentativ ausgewählte Bahnhöfe zu allen Tages- und Nachtzeiten systematisch zu beobachten und mir das Ergebnis für die 2. Auflage dieses Buches, die Sie dann als Dank kostenlos erhalten, zukommen zu lassen. Herzlichen Dank. Ein zweiter Hinweis sei mir noch gestattet: Nicht alle, die warten müssen, weil sie einen Zug verpaßt haben, sind ja im entwicklungspsychologischen Sinne (geistig und körperlich) zurückgeblieben. Obwohl, wenn man sie so stehen sieht, nachdem ihnen der Zug vor der Nase weggefahren ist ...

Kleine Typologie der Zurückgebliebenen

1. Der katzengleiche Fahrgast
Beobachten Sie einmal eine Katze, die ihre Beute verfehlt: Völlig desinteressiert schaut sie drein, so als wäre nichts gewesen. In dieser Manier steht der Fahrgast, dem eben nach einem Spurt um alles oder nichts die Wagentür vor der Nase zugeknallt ist, auf dem Bahnsteig. »Wo bitte, ist hier der Zeitungskiosk, wo

gibt es Gummibärchen?«, scheint er zu fragen und nichts anderes ihn zu kümmern. Sein Gesicht spricht Bände: »Wenn Ihr wüßtest, wieviel Geld ich in der Tasche habe ... Ich könnte mir zehnmal eine Taxe leisten und bin in keinster Weise auf diese Scheiß-U-Bahn angewiesen.«

2. Der betroffene Fahrgast
Der ihm vor der Nase weggefahrene Zug erschüttert sein Selbstbewußtsein und gefährdet seine Identität. »Immer dasselbe: Mein ganzes Leben lang verpasse ich die Züge, die für mich wichtig sind ... Das Schicksal ist nie auf meiner Seite.« Er sieht sich in seiner Rolle als ewiger Verlierer (neudeutsch: loser, sprich: luuzer) bestätigt. Er ist furchtbar zornig, aber seine Aggressionen richten sich nach innen, gegen sich selbst.

3. Der ideologische Fahrgast
Auch er ist entsetzlich zornig, gibt aber die Schuld an seiner offensichtlichen Niederlage nicht sich selber und/oder den höheren Mächten, sondern der BVG und/oder der politischen Führung dieser Stadt. »Früher, als es noch Zugabfertiger gegeben hat, hätten die gewartet!« Noch wütender macht es ihn dann, daß der nächste Zug viel zu lange auf sich warten läßt. Und das, obwohl die nächste Tariferhöhung gerade wieder zugeschlagen hat. »Diese Sparmaßnahmen, der Fahrplan immer weiter ausgedünnt ... Klar, der Verkehrssenator fährt ja nicht U-Bahn, der hat ja 'n Dienstwagen.«

4. Der gleichmütige Fahrgast
Er setzt sich auf die Bank und liest oder wandert wartend auf dem Bahnsteig auf und ab, beguckt sich die Leute und die Werbung und läßt den lieben Gott einen guten Mann sein. »Auf *die* fünf Minuten kommt es ja nun wirklich nicht an.« Und wenn er Gefahr läuft, tatsächlich irgendwohin zu spät zu kommen, dann denkt er auf echt berlinisch: »Schad' mir gar nischt, det mir die Finga frier'n, warum kooft'n mir mein Vata keene Handschuhe.«

5. Der clevere Fahrgast
Seine Devise lautet: Retten, was zu retten ist. Er weiß sofort, wie er es noch einrichten kann, pünktlich anzukommen. Entweder er stürzt nach oben zum Taxenstand (was aber als nicht systemkonform betrachtet werden muß), oder aber er kennt die Netzspinne der Berliner U- und S-Bahnen so gut, daß er, ohne länger als zwei Sekunden nachzudenken, sofort in den gerade einfahrenden Zug der Gegenrichtung springt, um sein Ziel auf anderen Wegen zu erreichen.

Wie auch immer, lassen Sie uns hoffen, daß Sie nicht zu den Zurückgebliebenen gehören und viel Spaß und Erkenntnisgewinn an Ihren und unseren Fahrten haben werden – Linie für Linie ... Doch ehe wir die U-Bahn in vollen Zügen genießen, müssen wir uns ihre Fahrzeuge doch noch etwas genauer ansehen.

Fahrgäste auf der Linie U 5 im Wagen 1842 (Bauart E III). Glück gehabt: Sie gehören nicht zu den Zurückgebliebenen.

Wagen und Züge

Wagen wir uns also an und in die Wagen. Ich will hier nur die Bauarten herausgreifen, die mir persönlich etwas bedeuten. Vollständige und informative Übersichten finden Sie bei Lemke/Poppel (1996) und im Berlin-Special des Magazins *Straßenbahn/Nahverkehr* (1996, S. 66–71).

A 1

Von 1900 bis 1926 beschaffte die Hochbahngesellschaft 366 Trieb- und 265 Beiwagen vom Typ A 1, und natürlich bilden sie als Modelle von Freddy Woytnik den Mittelpunkt meines Dioramas. Es ist ein Drei-Wagen-Zug: gelb (Nr. 21), rot = Raucher (Nr. 755) und wieder gelb (Nr. 25). Typisch für die A 1-Züge waren ihre streng rechteckige, kantige Form, die Oberlichtaufsätze und die beiden Stirnlampen, die wie große schwarze offenstehende Büchsen aussehen. Die beiden einfachen Schiebetüren hatten einen schön geschwungenen Messinggriff und waren so schwer aufzuziehen, daß wir als Kinder keine Chance hatten. Dafür gingen sie aufgrund ihres Beharrungsvermögens teilweise auch wieder von alleine zu, wenn der Zug anfuhr. Vorn rechts waren die Zielschilder zu sehen, anfangs steckten sie noch außen im Kasten. Innen war so viel Messingglanz und edles Holz, daß es mich an die Salons hoher Herrschaften erinnerte. Einfach nobel war das alles. Die faszinierendste Figur war der Zugschaffner, der bei jedem Halt auf den Bahnhof trat und den Fahrgastwechsel überwachte. Hob der Zugabfertiger die Kelle, gab er den Abfahrbefehl an den Fahrer weiter, indem er gegen die Scheibe klopfte. Später befand sich dann ein Druckknopf im Wagen. Unfaßbar für mich, den kleinen Horst, war auch, daß sich an der Stirnseite des Zuges in der Mitte eine Tür befand. An Endstationen ging die dann manchmal auf, und der Fahrer erschien, eine Art Gott für mich, um in den Kasten zu greifen und die Zielschilder umzustecken. Diese herrlichen alten aufflammenden Lettern, Schriftkunst und keine Druckbuchstaben. Und bei hochsommerlichen Temperaturen hatten die Fahrer diese Tür auch während der Fahrt geöffnet. »Mutti, wenn die da rausfallen!« Ich hatte furchtbare Angst um sie. Was mir noch lebhaft in Erinnerung geblieben ist, sind die antennenartigen Stangen oder Stäbe rechts außen auf dem Wagendach. Die gehörten zur Zugsicherung: Wenn ein Signal auf Halt stand, ragte sein

Das ab etwa 1935 verwendete BVG-Wappen mit der Mauerkrone am Museumswagen 753.

Museumszug aus Fahrzeugen des Typs A 1 auf dem Hochbahnhof Schlesisches Tor im Oktober 1995. Da die Technische Aufsichtsbehörde jedem einzelnen Einsatz der U-Bahn-Musemswagen zustimmen muß, sind solche Einsätze selten.

Der A 1-Triebwagen 201 – hier sein nobler Innenraum – ist zu hohen Ehren gekommen: Er residiert im Deutschen Verkehrsmuseum in Nürnberg.

Arm ins Profil des Zuges hinein und stoppte diesen. Ein Augenblick, dem ich bei jeder Fahrt entgegenfieberte und den ich zu Hause immer wieder nachspielte. Die BVG-West hatte die A 1-Wagen bis 1968 im Plandienst, die BVB-Ost sogar bis 1989. Das Schönste an diesen Wagen aber war der freie Platz des Zugschaffners am Wagenende, und so lasse ich meinen Helden Manfred Matuschewski in »Brennholz für Kartoffelschalen« auch mächtig schwärmen: *Die Strecke zwischen Stadtmitte und Oskar-Helene-Heim war das Herrlichste, was man sich denken konnte, insbesondere wenn er im letzten Wagen den freien Sitz des Zugschaffners erobern konnte. Von da aus ließ sich die Strecke wunderbar beobachten. Man wurde wie durch ein Kaleidoskop gezogen. Dunkelheit, scheinbar ohne Ende, dann flammten plötzlich rote Lichter auf und grüne, die Signale, und manchmal gab es auch einen weißen Blitz aus Tageslicht, wenn sie einen Notausstieg passierten. Verlangsamte sich die Fahrt, kam der nächste Bahnhof mit einer Helligkeit, die fast in die Augen biß, obwohl ja überall nur trübe Funzeln brannten.* (S. 277)

Solche Fahrten stehen wohl bei den U-Bahn-Erinnerungen aller älteren Berliner ganz weit oben. Heute, das weiß ich von meinen Videofilmen, den berühmten Führerstandsmitfahrten, gibt es im Tunnel hin und wieder auch blaue Neonröhren: Sie zeigen den Notausstieg an. Ein weiteres »Faszinosum« waren die Klappsitze an den Stirnseiten beziehungsweise den stets verschlossenen Verbindungstüren zwischen den einzelnen Wagen. Dort zu sitzen war der andere große Traum. Obercool würde man heute sagen, echt geil! Und immer die Ermahnung im Ohr: »Paß auf, daß du dir nicht die Finger klemmst!« Dann gab es auch noch das schöne Schild mit den Verhaltensanweisungen bei Un- und Zwischenfällen im Tunnel und dem herrlichen Satz: »Frauen und Kinder lassen sich zweckmäßigerweise sitzend vom Wagenboden herab«. Oder so ähnlich jedenfalls.

A 2 – Die »Amanullah-Wagen«

Im Unterschied zum Vorläufertyp gab es hier nur noch drei breite Fenster und pro Wagenseite zwei Doppelschiebetüren. Weil Aman-Ulla, der damalige König von Afghanistan, 1928 mit einem Wagen dieses Typs innerstädtisch gereist ist, soll man sie im Volksmund Amanullah-Wagen genannt haben. Mir hat das allerdings nie ein Erwachsener nahegebracht, obwohl meine Tante Claire überaus monarchistisch eingestellt war.

A 3
Schon die A 2-Wagen hatte ich immer als bieder und langweilig empfunden, die Nachkriegskonstruktionen A 3 und A 3L mochte ich erst recht nicht. Die grünen Kunstledersitze und dunkelbraunen Kunststoffwände, Holzimitate, ließen in mir das Gefühl aufkommen, mich in einem streng hierarchisch organisierten Büro zu befinden, wenn nicht gar in einem Gericht: »Angeklagter, nehmen Sie Platz.« Auch im U-Bahnwagenbau hatte bereits der Funktionalismus zugeschlagen, nichts war mehr so pompös und verspielt, wie es einmal war; das U-Bahnfahren sollte kein Vergnügen mehr bereiten, sondern allein noch dem kostengünstigsten Transport eines an sich unwichtigen Menschen von A nach B dienen.

A 3L
Diese Wagen sind der letzte Schrei im Kleinprofilnetz und entsprechen den neuesten Entwicklungen im Großprofil. Fährt man mit ihnen auf den Hochbahnstrecken, hat man einen wunderschönen Panoramablick.

B 1 – Die »Tunneleule«
Das nun ist, wie ich immer wieder hervorheben muß, meine große Liebe unter den U-Bahnzügen. Ihre ovalen Stirnfenster sind es, die die Faszination der Tunneleule ausmachen. 74 Trieb- und 111 Beiwagen dieses Typs hat es gegeben. Ihre Inneneinrichtung gab mir Neuköllner Hinterhofkind immer das Gefühl, im Wohnzimmer eines reichen Verwandten zu sitzen – etwas, das ich nie live erlebt habe, weil unsere tatsächlich reichen Verwandten nach 1933 Deutschland rechtzeitig verlassen haben. Irgendwie erinnerten mich diese U-Bahnwagen als Kind auch immer an – Verzeihung! – Kleiderschränke, die plötzlich aus dem Tunnel kommen. Und in Kleiderschränken zu spielen und sich in ihnen zu verstecken war ja immer ein großes Vergnügen. Sie hatten so etwas Kusch-

Die berühmte »Tunneleule«: Triebwagen 98 der Bauart B 1, fotografiert im Frühjahr 1969 während der letzten Einsätze auf der Linie 6. (rechts)

◁ Zug aus A 2-Fahrzeugen auf dem Hochbahnhof Schönhauser Allee im Oktober 1982.

◁ Zwei »Gisela«-Züge (Bauart G I) neben einem A 3-Zug im Bahnhof Olympia-Stadion (Ost) im Frühjahr 1994.

liges. Und so war es denn auch logisch, daß ich den Kleiderschrank meiner Eltern des öfteren zur Tunneleule umfunktionierte und im Schlafzimmer U-Bahn spielte. Selbstverständlich zieren mein Diorama auch drei Tunneleulen-Modelle, und während ich dies tippe, sehe ich dem Wagen Nummer 59 in die Augen – »Hallo, Kleines!«

C

Da war ich immer sehr enttäuscht, wenn dieser Wagentyp nach dem Umsteigen am Hermannplatz auf der blauen Linie D aus der Tunnelröhre kam. Auf mich wirkte seine Stirnpartie wie ein hochmütiges bis bösartiges Haifischgesicht.

D, D I und D L

Nun schön, Fortschritt muß sein. Ansonsten, siehe meine Gefühle beim Typ A 3.

E III

Bei Verwandtenbesuchen in Ost-Berlin drängelte ich immer, doch bitte zum Tierpark in Friedrichsfelde zu fahren. Nicht etwa der Löwen oder Elefanten wegen, von denen es im Zoo (West) genügend gab, sondern der U-Bahnwagen wegen. Stieg ich Marchlewskistraße ein, so kam ich mir wie ein Schizophrener vor: »Das sind doch S-Bahnwagen ... aber wir sind doch auf 'ner U-Bahnstrecke.« Es waren umgebaute S-Bahnwagen, in denen wir saßen.

S-Bahnwagen zu U-Bahnwagen: der Typ E III in der Betriebswerkstatt Friedrichsfelde. Triebwagen 102 052–1, im Jahre 1966 entstanden aus dem S-Bahn-Triebwagen ET 169 013b, führte ab 1992 offiziell die Wagennummer 1852. Diese Bauart ist inzwischen leider überwiegend auf dem Schrottplatz gelandet.

Der C 2-Triebwagen 1336 und der DL-Doppeltriebwagen 2348/2349 in der Betriebswerkstatt Seestraße (Aufnahme vom Januar 1987).

F

Sie gefallen mir wegen ihrer Quersitze (2 plus 2) sehr gut, obwohl mir das Innere zu grau erscheint. Manchmal denke ich, im Nebel zu sitzen oder aber Vorboten des grauen Stars zu spüren. Der Designer muß ein etwas depressiver Mensch gewesen sein – oder aber einer, der sich die EDV-Zentrale seiner Bank oder Sparkasse zum Vorbild genommen hat. Ein bißchen fröhlicher könnte sich Deutschlands Hauptstadt schon präsentieren. Das Fahrgefühl allerdings kommt dem ICE-Standard schon recht nahe, da kann man nicht meckern.

G I und G I/1 – »Gisela«

Von außen erinnern sie mit ihren gesickten Wänden an russische D-Zug-Wagen, innen mit ihren Griffen an »Plaste und Elaste aus Schkopau«. Sie haben nur

Der Wagen 2959 der Bauart F (Serie F92, Baujahr 1993). Insgesamt 514 Triebwagen – also 257 Doppeltriebwagen – existieren von dieser Großprofil-Bauart; mehr Fahrzeuge waren nur von dem Kleinprofil-Typ A 1 für die Berliner U-Bahn beschafft worden.

Typ H: Der Zug ist in voller Länge begehbar – das sind immerhin rund 100 Meter.

zwei Türen, und steht man in der Mitte des Wagens im Gedränge, gerät man beim Aussteigenwollen und nicht -können leicht in Panik. Auch kommen sie einem so lang vor, daß man unwillkürlich fürchtet, sie blieben in der nächsten Kurve im engen Tunnel stekken. Für große Teile der Fachpresse und der U-Bahn-Narren haben sie die gleiche (N)Ostalgie-Funktion wie der Trabi für den Autofetischisten. Sogar auf der Strecke Athen – Piräus sind einige von ihnen im Einsatz gewesen, mit »Blumenbrettern« an der Seite. Nach der Wiedervereinigung des Berliner Kleinprofilnetzes kamen die G I-Züge nach West-Berlin, und hier gab es eine Reihe von Pannen. Die IGEB spricht im *Signal* 2–3/94 von einer »anhaltenden Rufmordkampagne«, der die Gisela-Züge ausgesetzt wären. Nun sind eine Reihe von ihnen aber einem sogenannten »Ertüchtigungsgprogramm« unterzogen worden und funktionieren bestens. Ich freue mich, daß es sie gibt, denn Vielfalt bei den Typen ist immer gut – siehe den Mythos der Berliner Straßenbahn bis zur Tatra-Zeit –, doch habe ich immer gewisse ungewisse Ängste, mit Gisela doch mal in die Tiefe zu stürzen, wenn sie die gefährlichen S-Kurven zwischen Gleisdreieck und Bülowstraße oder zwischen Schlesischem Tor und Oberbaumbrücke nur schwer und kreischend nimmt.

H

Lange Zeit kannte ich diesen Typ nur aus der Beschreibung, im *Signal* 7/95 habe ich ihn zum ersten Mal gesehen. Ein Zug besteht aus sechs Wagen und soll 724 Fahrgästen Platz bieten. Nicht doch 725 …? Sie sind »in voller Länge durchgängig begehbar«. Da sie nur Längs- und keine Quersitze aufweisen, kann ich also, wenn ich von ganz vorn nach ganz hinten

Ein markantes Gesicht: Der erste Prototyp der Bauart H am 21. Juni 1996 auf dem – damals noch nicht eröffneten – Bahnhof Hermannstraße.

gehe, bei optimaler Platzbesetzung auf genau 1448 Füße treten. Äih, geil! Wer läßt sich das schon entgehen. Und sicher bin ich nun auch. Bedroht mich ein Messerstecher, können mir alle anderen 723 Fahrgäste zugleich zur Hilfe eilen. Eine derartige Verdichtung von Materie zu berechnen ist dann allerdings nicht mehr Sache der Kripo, sondern der Astrophysiker. Überleben kann das keiner.

Am 21. 10. 1998 hatte ich dann endlich auch mein lange ersehntes H-Erlebnis, kam doch, als ich an der Station Friedrichsfelde wartete, der neue Zug in den Bahnhof geICEet, Wagennummer 5002 … Als wir anfuhren, versuchte ich meine Assoziationen auf einem kleinen Zettel festzuhalten: »Mischung zwischen Schlenki, Airbus und Achterbahn.« Oder: »Im Innern des Lindwurms.« Wie in einem Gelenkbus – oder einer der neuen Niederflurstraßenbahnen – bekommt man mit, wenn und wie sich der Wurm in der Horizontalen schlängelt und krümmt, merkt aber auch, und das ist die eigentliche Überraschung, wenn es auf und nieder geht. Da stellt man sich immer vor, so ein U-Bahntunnel verliefe stets auf ein und derselben Ebene, und nun zeigt sich, daß er in Wirklichkeit eine halbe Achterbahn ist. Der Ton beim Anfahren läßt an die S-Bahn-Baureihe 481 denken; die Eingliederung der U- in die S-Bahn vermittels einer gemeinsamen Holding ist also akustisch schon vorweggenommen.

Die Fahrzeuge der Berliner U-Bahn

Bereits vor der Eröffnung der Berliner U-Bahn Mitte Februar 1902 waren die ersten U-Bahnfahrzeuge fertiggestellt. Zwei Probewagen wurden 1899 in einer Kölner Waggonfabrik im Auftrag der »Gesellschaft für elektrische Hoch- und Untergrundbahnen in Berlin« erbaut. Die Größe der Fahrzeuge ergab sich aus dem Tunnelquerschnitt der ersten Strecken: 2,30 Meter breit, etwa 3,20 Meter hoch und 12 bis 13 Meter lang. Mit der Montage der Serienfahrzeuge begann man im September 1901 in der Werkstatt Warschauer Brücke. Die Züge bestanden aus Trieb- und Beiwagen; diese von 1901 bis 1926 gebauten Fahrzeuge wurden später als Bauart A 1 bezeichnet. Die Bauart A 2 besaß einen Wagenkasten aus Stahl anstelle des Holzaufbaus und wurde 1928/29 beschafft.

Die Stadt Berlin entschloß sich bald zum Bau eigener U-Bahnstrecken. Man wählte ein größeres Tunnelprofil: Die Breite der Wagen betrug nun 2,65 und die Fahrzeughöhe etwa 3,45 Meter, die Wagenlänge wurde zunächst unverändert übernommen. Damit war der Grundstein für die beiden unterschiedlichen Berliner U-Bahn-Systeme gelegt, die mit Klein- und Großprofil bezeichnet werden. Die beiden Profile unterscheiden sich auch in der Art und Weise der Stromabnahme von der seitlichen Stromschiene: Beim Kleinprofil erfolgt sie von oben, beim Großprofil von unten. Die Regelspurweite von 1435 Millimetern ist ihnen jedoch gemeinsam. Auch für die Großprofilstrecken entstanden zwei Probefahrzeuge (1914 in Breslau). Die Serienfahrzeuge der Bauart B 1 wurden von 1924 bis 1926 gebaut, eine in den Wagenabmessungen sehr ähnliche, jedoch technisch modernere Variante (Bauart B 2) entstand zwischen 1926 und 1929.

Mitte der zwanziger Jahre begann die Planung von 18 Meter langen Fahrzeugen mit ansonsten fast unveränderten äußeren Wagenabmessungen für die Großprofilstrecken; 1926 entstanden die ersten Prototypen (Bauart C 1). Die Erfahrungen bei der intensiven Erprobung führten schließlich zu den beiden Bauarten C 2 und C 3 (Baujahre 1929/30), die sich nur in der elektrischen Ausrüstung unterscheiden. Die Bauarten A 2, B 1 und B 2 sowie C 1 bis C 3 hatten einen Wagenkasten aus Stahl. Die drei im Jahre 1930 entstandenen Versuchswagen der Bauart C 4 besaßen einen Leichtmetall-Wagenaufbau aus Aluminium.

Mitte der fünfziger Jahre wurden neue Fahrzeuge entwickelt. Die A 3-Wagen für das Kleinprofil haben die gleichen Außenmaße wie die Vorkriegsbauarten A 1 und A 2; dagegen sind die Großprofilwagen der Bauart D rund 15 Meter lang. Beide Wagentypen sind als Doppeltriebwagen konzipiert. Die Bauart A 3 wurde von 1960 bis 1966, die im wesentlichen unveränderte Bauart A 3L von 1966 bis 1995 gebaut. Die beiden jüngsten Serien (A 3L 82 und A 3L 92) erhielten eine moderne Antriebstechnik und ein etwas kantigeres Äußeres, das der Großprofilbauart F ähnelt. Die Großprofilbauart D wurde zwischen 1956 und 1965, DL zwischen 1965 und 1971 hergestellt. Das L in der Bauartbezeichnung weist auf den Stahlleichtbau hin.

Für die Großprofilstrecke in Ost-Berlin wurden Ende der fünfziger Jahre ebenfalls neue Fahrzeuge entwickelt und zwei 18 Meter lange Prototypen erbaut (Bauart E I). Die dann von 1962 bis 1990 gebauten 18 Meter langen Trieb- und Beiwagen der Bauart E III entstanden nicht als Neubauten, sondern unter Verwendung von Bauteilen ausgemusterter S-Bahnfahrzeuge.

Wegen der Ausweitung des Großprofil-U-Bahnnetzes in West-Berlin wurde eine Aufstockung des U-Bahn-Fahrzeugparks erforderlich, ab 1973 entstand die Bauart F (Baujahre 1973 bis 1994), die etwa 16 Meter lange Wagenkästen besitzt.

Die Überalterung des Kleinprofil-Fahrzeugparks in Ost-Berlin führte zur Einführung der Bauart G I (Baujahre 1974 bis 1989). Auch die Ost-Berliner Verkehrsbetriebe (BVB) gingen jetzt vom Prinzip Triebwagen/Beiwagen ab, es entstanden Doppeltriebwagen; die äußeren Abmessungen entsprechen den alten Kleinprofil-Bauarten A 1 bzw. A 2.

Die neueste Entwicklung auf dem Fahrzeugsektor ist die Bauart H für das Großprofil sowie die Bauart HK für das Kleinprofil. Die neue Fahrzeuggeneration soll demnächst die ältesten Fahrzeuge der Bauarten A 3 und D ersetzen. 1995 entstanden die ersten Prototypen für das Großprofil. Die Besonderheit der neuen Modelle ist das Prinzip des »Vollzuges«. Obwohl die Züge weiterhin aus einzelnen Wagen bestehen, sind sie so miteinander verbunden, daß die Fahrgäste den gesamten Zug durchwandern können. Das seit Jahrzehnten gültige Prinzip von Sechs-Wagen-Zügen im Großprofil und Acht-Wagen-Zügen im Kleinprofil wird beibehalten.

Berliner Wasser Betriebe

Mit der U-Bahn durch Berlin

Sicher gäbe es andere Ordnungsprinzipien – etwa nach Vorlieben und Abneigungen oder nach Häufigkeiten –, doch das numerische Herangehen beziehungsweise das »assoziative Abfahren« der U-Bahnlinien von 1 bis 9 scheint mir am einleuchtendsten zu sein. Damit sich erst gar keine Monotonie einstellen kann, was ich ohnehin nicht hoffe, habe ich nach der Fahrt mit der Linie 7 ein Stückchen U-Bahn-Wahn zu Papier gebracht. Ja, so kann's einem ergehen, wenn man zuviel mit der Tunneleule und anderen Wagentypen unterwegs gewesen ist. »Stumpfsinn, Stumpfsinn, du mein Vergnügen, Stumpfsinn, Stumpfsinn, du meine Lust ...«, haben wir als Schulkinder immer gesungen, wenn der Wandertag kein Ende nehmen wollte. Da lockert sich schon irgendwie ein Schräubchen. Aber der Reihe nach ...

U 1 Warschauer Straße – Krumme Lanke

Die 1989 im Bezirk Kreuzberg (SO36) entstandene Aufnahme vermittelt noch etwas von dem Flair aus den Anfangsjahren der Hochbahngesellschaft; die vier Wagen (7 + 722 + 737 + 31) befinden sich – ebenso wie der im Hintergrund sichtbare Hochbahnhof Görlitzer Bahnhof – noch weitgehend in ihrem Ursprungszustand.

In meiner Erinnerung fing die grüne Linie, die Linie B, immer Warschauer Brücke an und ging bis zur Uhlandstraße und zum Nollendorfplatz. Das bestätigt auch der Blick in Alfred Gottwaldts Streckenplansammlung für das Jahr 1947 (1994, S. 41). Zehn Jahre später wird es etwas komplizierter: Das Grün hat sich ausgebreitet. B I führt nun von Warschauer Brücke nach Ruhleben, B II von Warschauer Brücke nach Krumme Lanke, B III vom Nollendorfplatz zum Innsbrucker Platz und B IV von Gleisdreieck nach Uhlandstraße. Der Plan von 1968 zeigt hingegen nur eine grüne Linie: von Schlesisches Tor bis Ruhleben, und zwar jetzt als legendäre Musical-Linie 1. So soll es denn bis zum November 1993 auch bleiben, bis zur Wiedereröffnung der U 2. Uns nicht mehr ganz so jungen Berlinern fällt es noch immer nicht ganz leicht, diese grundsätzliche Verfärbung im Berliner U-Bahnnetz zu verdauen. Schwer zu fassen, daß die Linie 1 jetzt nach Krumme Lanke und die Linie 2 nach Ruhleben geht. Die IGEB sieht diese Veränderung im *Signal* 8/93 jedoch sehr positiv: *Die bisher relativ problemlose, aber bei dichterem Verkehr hinderliche niveaugleiche Kreuzung von U 1 und U 2 bei der Ausfahrt aus Wittenbergplatz wird es in Zukunft nicht mehr geben.* (S. 8)

Wir können also bedenkenlos in Fahrt kommen ...

Warschauer Straße Nein, Warschauer Brücke! – So hieß der Endbahnhof der grünen Linie B I und II früher und bis 1995. Als Kind war er für mich ein großes Faszinosum. In dieser grauen Fabrikhalle war die Strecke ganz plötzlich zu Ende, hörte alles auf. Ein filigraner Prellbock, ein Haufen Kies – Schluß und aus. Unfaßbar für mich.

»Vati, warum geht die U-Bahn nicht weiter?«

»Weil da die S-Bahn ist.«

»Warum bauen die'n die U-Bahn nicht über die S-Bahn rüber?«

»Weil die dafür kein Geld haben.«

»Warum haben die'n dafür kein Geld?«

»Weil Krieg ist.«

»Warum is'n Krieg?«

»Komm jetzt!«

Die Antwort, die ihm auf der Zunge lag, hätte ihn ins KZ gebracht, aber wie hätte ich das 1943 ahnen können.

»Du, Vati, was passiert'n, wenn der Fahrer nicht rechtzeitig bremst?«

»Der bremst schon rechtzeitig.«

Bevor mein Vater eingezogen wurde, stiegen wir, von Neukölln kommend, öfter hier aus, um mit der Straßenbahn die Warschauer Straße hochzufahren. Oben in der Boxhagener Straße wohnte Erwin Prause, sein Kollege bei der Post, und jenseits der Frankfurter Allee, in der Ebertystraße, wohnten Bulgrins, die engsten Freunde meiner Eltern. Zu Prauses, die im Vorderhaus wohnten, wollte ich immer, um den Straßenbahnen aufs Dach zu schauen; und bei Bulgrins konnte ich mit ihren zwei Kindern, Gerhard und Inge, spielen. Inge hatte eine Puppenstube mit einem echten Herd, und mein größter Wunsch war es immer, darauf Haferflocken zu kochen. Doch zumeist beharrte sie auf geschlechtsspezifischer Sozialisation und strikter Rollentrennung und ließ mich nicht.

Wenn meine Kohlenoma, die in der Manteuffelstraße wohnte, an einem Freitag oder Sonnabend Geburtstag hatte, stiegen wir Warschauer Brücke von der Hochbahn in die S-Bahn um, weil das der schnellste Weg hinaus nach Schmöckwitz war. Als mein Vater nach dem Krieg eine steife Hüfte hatte – wie meine Oma immer sagte, ein »Krüppel« war –, schimpfte er über den langen Weg zwischen den beiden Bahnen. »Warum diese Idioten den einen Bahnhof nicht über den anderen gebaut haben!? Aber die hohen Herren, die das zu entscheiden haben, die fahr'n ja alle mit'm Auto.«

Im Buch »Berliner U-Bahn« von Hans D (ohne Punkt dahinter!) Reichardt (1974) ist auf der Seite 12 das klassischste aller U-Bahn-Fotos zu sehen, und im Text dazu heißt es: *Eine Attraktion dürfte dieser Neger als Zugbegleiter vor nunmehr siebzig Jahren gewesen sein. Das Foto entstand um 1904 auf dem Bahnhof Warschauer Brücke.*

Lemke und Poppel (1996, S. 21) erläutern, daß es sich hierbei um einen Häuptlingssohn aus einer der deutschen Kolonien in Afrika gehandelt hat. Mit dem Mauerbau 1961 war es dann aus mit dem Bahnhof Warschauer Brücke, und man konnte ihn nur von der S-Bahn aus, so man denn als West-Berliner Passierscheine hatte, sehnsüchtig ins Auge fassen. »Einst wird kommen der Tag ...«, hieß es tröstlich, doch niemand glaubte daran. Nun ist es schon wie-

Linie U 1 (Warschauer Straße – Krumme Lanke)

Streckendaten (Kleinprofil)	
Linienlänge	18,8 km
Anzahl der Bahnhöfe	24
Fahrzeit	39,5 min
Reisegeschwindigkeit	28,5 km/h
Mittlerer Abstand zwischen den Bahnhöfen	816 m
Eröffnungen	
Warschauer Brücke (heute Warschauer Straße) – Stralauer Tor (März 1945 zerstört)	17. 8. 1902
Stralauer Tor – Gleisdreieck (erst ab 3. 11. 1912 Bahnhof)	18. 2. 1902
Gleisdreieck – Wittenbergplatz (über Kurfürstenstraße)	24. 10. 1926
Wittenbergplatz – Thielplatz	12. 10. 1913
Inbetriebnahme Spichernstraße (zw. Wittenbergplatz und Hohenzollernplatz)	2. 6. 1959
Inbetriebnahme Augsburger Straße (zw. Wittenbergplatz und Spichernstraße)	8. 5. 1961
Thielplatz – Krumme Lanke	22. 12. 1929

Streckenbeschreibung
Warschauer Straße – Gleisdreieck (Hochbahn)
Gleisdreieck – Kurfürstenstraße (Hochbahn, Hausdurchfahrt, eingehauste Rampe)
Kurfürstenstraße – Breitenbachplatz (Tunnelstrecke)
Breitenbachplatz – Podbielskiallee (Tunnelstrecke, Einschnittbahn)
Podbielskiallee – Krumme Lanke (Einschnittbahn)

Der Hochbahnhof Schlesisches Tor mit einem A 1-Zug Mitte der fünfziger Jahre.

der etwas ganz Alltägliches, hier ein-, aus- und meistens umzusteigen. Am 14. Oktober 1995 ist Warschauer Brücke wieder ans Netz gegangen. Ich weiß, der Ausdruck ist anders besetzt, ich finde ihn aber trotzdem an dieser Stelle schön. Nur negiert man jetzt die Brücke, die doch wirklich lang, unübersehbar und an dieser Stelle der Stadt das Eigentliche ist.

Osthafen Fuhren wir, von Bulgrins oder Prauses kommend, Richtung Hallesches Tor, kam gleich, kaum daß der Zug an Fahrt gewonnen hatte, der Bahnhof Osthafen (früher Stralauer Tor). Daß sie ihn nach dem Krieg nicht wieder in Betrieb nahmen, fand ich empörend. Wie konnte man einen Bahnhof so einfach verschwinden lassen. Ich habe ihn heute noch irgendwie lieb und möchte am liebsten eine Bürgerbewegung gründen, um ihn wieder zu eröffnen.

Vor der Fahrt über die Oberbaumbrücke hatte ich jedes Mal gehörigen Bammel. Die Brücke könnte unter dem Gewicht des Zuges zusammenbrechen, wie öfter bei mir zu Hause auf dem Teppich, und wir würden in die Spree stürzen. Ich wäre dann zwischen den Sitzen eingeklemmt, während das Wasser unaufhaltsam in den Wagen strömte ... Gleichzeitig genoß ich diese Fahrt, es war die Angstlust pur. Sie wurde nicht geringer, als es in Schlangenlinien zum nächsten Bahnhof ging ...

Schlesisches Tor Für mich ist er der schönste aller Berliner Bahnhöfe, eine richtige märkische Burg. Er würde in Bernau oder Gransee in die Stadtmauer passen. Dennoch löst er nicht die besten Assoziationen aus, war er doch vom Mauerbau bis 1995 Endstation der West-Berliner Linie 1 und stand für die Teilung Berlins, Deutschlands und der Welt. Mit allen Besuchern – Inländern von Bremen bis Konstanz und Ausländern von Frankreich bis China – ging es mit der U-Bahn bis Schlesisches Tor und dann ein paar Meter zu Fuß zur Spree hinunter, wo immer wieder Kinder ins Wasser fielen, die, da dieses bekanntlich zum Osten gehörte, von den West-Berliner Polizisten nicht gerettet werden durften. Bei meiner Enttarnung als -ky, 1981, haben wir hier gedreht, natürlich ohne Erlaubnis der BVG. Diese wurde nicht so gern gegeben, angeblich aus der Sorge heraus, das Scheinwerferlicht könne den Fahrer blenden oder sonstwie Unfälle heraufbeschwören.

Schlesisches Tor hatte sich ja nie träumen lassen, einmal Endbahnhof der Linie B I, II beziehungsweise 1 zu werden, Kopfbahnhof auch noch, und so hatten seine Erbauer natürlich keine Kehranlage vorgesehen, nicht einmal einen Gleiswechsel. Der mußte eiligst angelegt werden, doch noch lange nach dem Mauerbau saß ein Mann an der schnell installierten Weiche und stellte sie für jeden Zug per Hand. Irgendwie beneidete ich ihn um diese Tätigkeit. Für mich war er einem Modemacher vergleichbar, der den Topmodels die Kleider glattstreicht, bevor sie über den Laufsteg schreiten.

Setzte ich mich zu dieser Zeit, 1961 also, in Fahrtrichtung rechts auf die Bank, konnte ich im Postamt in der Skalitzer Straße meinem Vater ins Fenster sehen. Der saß dort am Prüfschrank und kontrollierte die Arbeit seiner Störungssucher. Mitunter muß es in seiner Dienststelle sehr lustig zugegangen sein. Einmal hefteten sie einer sehr attraktiven Kollegin – von ihr selbst unbemerkt – das Schild »Vorübergehend außer Betrieb« an den Rücken.

Linkerhand in der Wrangelstraße ist meine »Mischpoke« mütterlicherseits groß geworden, und auf dem Görlitzer Güterbahnhof hat meine Kohlenoma, nachdem sie mit ihrem eigenen Kohlenkeller in der Manteuffelstraße ausgebombt worden war, für einen fremden Händler geschuftet.

Folgt – nun wieder auf der rechten Seite – die Emmaus-Kirche mit der schönen Inschrift: »Herr, bleibe bei uns, denn es will Abend werden.« Hier ist mein Vater bei den Pfarrern Schubrig, Brasch und Böhlig (Spott der Jungen dunnemals 1920: »Schubrig, Brasch und Böhlig – Schubrigs Arsch is ölig!«) eingesegnet worden. Auch hatte mein Onkel Richard, der dickbäuchige Fußballschiedsrichter, hier am Lausitzer Platz seinen Zeitungs- und Lottoladen, und nicht weit davon entfernt, in der Muskauer Straße, ist meine Mutter aufgewachsen. In meinen Romanen »Brennholz für Kartoffelschalen« und »Capri und Kartoffelpuffer« habe ich versucht, ihnen, deren Gräber zumeist schon eingeebnet sind, ein kleines Denkmal zu setzen. Bei jeder Fahrt mit der Hochbahn durch Kreuzberg sehe ich sie vor mir, genau wie damals.

Görlitzer Bahnhof Hier war auszusteigen, wenn ich zur Kohlenoma wollte, die nach dem Krieg im Hause Manteuffelstraße 36 eine kleine Wohnung gefunden hatte, ein Zimmer mit Küche und Gemeinschaftsklo. Lag man bei ihr im Fenster, konnte man die Hochbahnzüge sehen, wie sie entlang der Skalitzer Straße die Kreuzung mit der Manteuffel-, Wiener und Oranienstraße passierten. Verläßt man den Bahnhof, sieht man gleich links unten die Ecke, wo einmal der Supermarkt gestanden hat, den die »Chaoten« vor Jahren einmal anläßlich der »Kreuzberger Festspiele« am 1. Mai niedergebrannt haben. Hier beginnt auch, mit einem auflodernden Bauwagen, »Schau nicht hin, schau nicht her«, der erste und letzte gesamtdeutsche Krimi, geschrieben von Steffen Mohr (Leipzig/DDR) und -ky (BRD beziehungsweise WB, der berüchtigten »politischen Einheit West-Berlin«). Eine noch größere Rolle spielt die Hochbahn jedoch in »Da hilft nur noch beten«. Hier klärt mein Kommissar Hans-Jürgen Mannhardt einen Fall dadurch auf, daß er das tut, was auch ich immer mit Behagen tue: den Leuten ins Fenster sehen. Voyeure aller Länder, vereinigt euch zur Fahrt vom Schlesischem Tor zur Möckernbrücke.

Hochbahnhof Görlitzer Bahnhof im Jahre 1982.

Früher haben die Leute aus SO 36 die Hochbahn als »Magistratsschirm« bezeichnet. Zu der Zeit waren darunter noch keine Autos geparkt, und man konnte auch bei Regenwetter trockenen Fußes seine Ziele erreichen.

Kottbusser Tor Ein Bahnhof, der mein Herz schon immer höher schlagen ließ, vor allem weil es hier in Richtung Osten ein Kehrgleis gab (und noch immer gibt). Bei großen Fußballspielen im Olympiastadion starteten und endeten hier die meisten Verstärkungszüge, und für uns Neuköllner, die wir mit der Linie D oder der 94 angereist kamen, war das immer sehr praktisch, kam man doch noch mühelos mit. Das Umsteigen von der Hoch- in die eigentliche Untergrundbahn (Leinestraße – Gesundbrunnen) war zudem ein besonderes Erlebnis, hatte man doch auf der Treppe nach unten freie Sicht auf die Straßenbahn, die auf ihrem Weg von der Kottbusser zur Dresdener Straße quer über die Mittelinsel fuhr und dicht an den Gitterstäben vorbeikam, hinter denen man ging. Ein bißchen fühlte man sich auch wie ein Tier im Zoo. Nach oben fuhr man natürlich mit der Rolltreppe, damals eine der längsten Berlins. Hinab war die Rolltreppe selber nur von geringem Reiz, da lockte die Mutigsten von uns – mich nicht – vielmehr die lange Rutschbahn, das heißt, das blanke Blech zwischen den beiden rollenden Treppen. Leider fiel das bei der BVG in die Kategorie des groben Unfugs, und man beeilte sich, als wieder mehr Geld in der Kasse war, diese Art Sprungschanze durch eingeschraubte Dornen unbrauchbar zu machen.

Zu Beginn meiner Zeit als Siemens-Lehrling – 1957/58 – mußte ich immer Kottbusser Tor von der Straßenbahn, der 94, in die U-Bahn umsteigen, um zur Wilmersdorfer Straße zu kommen, zum Bahnhof Deutsche Oper. Damals litt ich mächtig am Leben (und an mir) und empfand das Büro als Gefängniszelle und mich selber als Freigänger, und wenn nicht

Kreuzungsbahnhof Kottbusser Tor im Frühjahr 1983 mit einem A 3-Sechs-Wagen-Zug nach Ruhleben.

der Spaß am Bahnfahren gewesen wäre, hätte ich womöglich morgens gar nicht die Kraft gehabt, mich hinzuschleppen. Am meisten Angst allerdings hatte ich vor dem Gedanken, der öfter kam: mich einfach vor den Zug werfen. Manchmal war das so behandlungsbedürftig, daß ich mich bei Einfahrt des Zuges schnell hinter den Kiosk flüchtete.

Neuerdings entzückt uns die BVG mit einem Ratespiel der ganz besonderen Art: Konnte man über fast hundert Jahre hinweg schon lange, bevor der Zug kam, auf einem manuell herausgezogenen Schild oder im entsprechenden Feld des Transparenzkastens lesen, wohin er fahren würde – und sich innerlich darauf einstellen –, so heißt es jetzt lakonisch und wenig kundenfreundlich: »Fahrziel erscheint vor Einfahrt des Zuges.« Erst *kurz* vor Einfahrt des Zuges! Klar: Das macht der jetzt per Elektronik selber – und man hat wieder einen Bediensteten mehr der Arbeitslosigkeit zugeführt.

Prinzenstraße Auf dieser Station war auszusteigen, wenn man ins Prinzenbad wollte. Dies ist der Ort, zu dem die Frau meiner Träume als Kind wie als Teenie jeden Sommersonntag im Familienverband hingeschleift wurde. Allerdings zu Fuß von der Hobrechtstraße aus. Für U-Bahnfahrten – wie für Ausflüge zum Wannsee hinunter – fehlte das Geld.

Hallesches Tor Dieser Bahnhof hatte es mir schon immer angetan, insbesondere das Provisorium nach dem Krieg. Und heute: Nur mit leichtem Schauder kann ich auf dem südlichen Bahnsteig stehen und warten … Unter mir das tödlich-trübe Wasser des Landwehrkanals. »Es schwimmt eine Leiche im Landwehrkanal …« Das war die erste Assoziation, die wir als Kinder hatten, und noch 1989, als Pieke Biermann, Peter Heinrich und ich die Berliner CRIMINALE planten, wollten wir mit dieser Überschrift eine der Veranstaltungen ankündigen, bis uns jemand sagte, daß wir damit in Teufels Küche kämen, weil das ein Spottlied der Nazis gewesen sei, gesungen zur Verhöhnung der von ihnen so schändlich ermordeten Rosa Luxemburg und Karl Liebknecht. Ist das wirklich so? Further research is needed. Wie auch immer: Heute habe ich den Bahnhof Hallesches Tor – oben wie unten – als Diorama bei mir zu Hause stehen, geschmückt mit den Supermodellen von Freddy Woytnik aus Rudow (U-Bahn) und der Firma Fröwis aus Spandau (Straßenbahn).

Bis Möckernbrücke konnte und kann man eine Menge sehen, beispielsweise die Wiege der »Schaubühne« an der Ecke Hallesches Ufer und Großbeerenstraße. Anschließend beherrscht der eloxierte Klotz des Postscheckamtes die Szene.

Möckernbrücke Zu meiner Siemens-Zeit war hier an ein Umsteigen zu einer anderen Linie, der heutigen 7 (Rudow – Rathaus Spandau), noch nicht zu denken, es war ein ganz normaler Bahnhof. Doch ungemein spannend wurde es, wenn morgens Eisregen kam, das heißt Nieselregen, der sofort gefror – eben auch auf den Stromschienen, die ja beim Kleinprofilnetz von oben bestrichen wurden und werden. Der Kontakt zwischen Stromschiene und Schleifschuh kam nicht mehr zustande, so wie bei der Modellbahn etwa, wenn die Schienen zu stark verdreckt sind. Der Zug in Richtung Gleisdreieck schaffte es dann nicht die Rampe hinauf. Weißbläulich und grell zuckten die Blitze, und es zischte und knisterte so stark, daß man es mit der Angst bekam. Der Zug ruckelte anfangs immer noch ein Stückchen weiter, blieb dann aber stehen, um schließlich am Ende seiner Kräfte in den Bahnhof Möckernbrücke zurückzurollen. Dort beschlossen Fahrer und Schaffner, einen neuen Anlauf zu nehmen. War es endlich geschafft, spürte ich die Angstlust pur, denn es ging nun in extremer Höhe über die aufgelassenen Gleise der Anhalter Bahn und über den Kanal hinweg. Wenn nun gerade in diesem Augenblick … Gleisdreieck war ja schon einmal ein Unglück geschehen – das Schrecklichste in der Berliner U-Bahngeschichte.

Gleisdreieck Schon als Kind habe ich immer wieder fasziniert auf das Foto vom großen Hochbahnunglück am 26. September 1908 gestarrt. Im GVE-Band »U1 – Geschichte(n) aus dem Untergrund« wird der Unfall so geschildert:

Um 13.42 Uhr fuhr ein Zug von Potsdamer Platz in Richtung Warschauer Brücke ab, und in die gleiche Richtung verließ um 13.39 Uhr ein Zug den Bahnhof Bülowstraße. Dem von Potsdamer Platz kommenden Zug wurde

Der Hochbahn-Unfall am Gleisdreieck (26. September 1908).

Filigrane genietete Stahlkonstruktionen bilden die Brücken am Gleisdreieck (1983); zum Teil wurden sie zu Beginn der neunziger Jahre durch geschweißte Neubauten ersetzt.

vor der Zusammenführung beider Strecken »Halt« signalisiert, trotzdem fährt er sowohl am Vor- als auch am Hauptsignal vorbei. Er ist noch vor dem freigegebenen Zug auf der Verbindungsweiche und wird durch den von Bülowstraße kommenden Zug derart in der Flanke gerammt, daß ein Wagen (Nr. 3) in den Hof der Gesellschaft für Markt & Kühlhallen stürzte. 21 Menschen kamen ums Leben, über 20 wurden schwer verletzt. (...) Der schuldige Triebwagenführer wurde zu einer Haftstrafe verurteilt. (S. 36)

Wenig später wurde das Gleisdreieck, das anfangs kein Bahnhof war, zu einem sogenannten Turmbahnhof umgebaut und das Netz so umgestaltet, daß sich die Züge im Linienbetrieb nicht mehr berühren konnten. Außerdem begann man mechanische Fahrsperren zu entwickeln, und der Zugbegleiter, der vorher – wie bei der Straßenbahn etwa – mehr als eine Art Schaffner fungiert hatte, wurde nun zur Beobachtung der Strecke herangezogen.

Gleisdreieck habe ich aber auch in angenehmer Erinnerung. In dem Fernsehfilm »Die Studenten von Berlin« nach dem gleichnamigen Roman von Dieter Meichsner – damals in den sechziger Jahren ein Großereignis – gibt es eine schöne Kamerafahrt über die Brücken hinter dem Bahnhof Gleisdreieck, das heißt durch die Brückenträger hindurch, und diesen Film habe ich sehr oft gesehen, denn im Nachspann stehe ich mit meinem Freund Gerrard Breitbart vor dem Immatrikulationsbüro der Freien Universität in der Boltzmannstraße. Das erste Mal, daß ich auf dem Bildschirm zu sehen war. Zwanzig Jahre später habe ich die beiden ersten Folgen zur Serie »Detektivbüro Roth« geschrieben, und da gibt es eine Szene, wo Manfred Krug auf eine Werkstattlore der Magnetbahn springt, um einen Gangster zur Strecke zu bringen. Der stürzt sich dann in höchster Not von der Brücke in den Landwehrkanal.

Der Blick von der Hochbahn auf das Gelände des ehemaligen Potsdamer Güterbahnhofs war lange Jahre etwas, das einen sehr melancholisch stimmte, stand doch diese Brache für das Elend der Teilung und das Abseits, in das Berlin geraten war. Über das »Spontanbiotop« jubelte noch keiner. Heute renkt man sich die Hälse aus, um zu sehen, wie es auf der »größten Baustelle Europas« nun weitergeht. Sand- und Kiesberge beherrschen das Bild unterhalb der Hochbahntrasse, erst hinten am Horizont beginnt der Tanz der Kräne.

Obwohl wir eigentlich noch immer in der Hochbahn sind, gehen nun im Zug die Lampen an, und es wird finster. So absurd es klingt: Wir sind in einem oberirdischen Tunnel verschwunden. Die Hochbahn fräst sich durch Mietskasernen hindurch und rattert dann auf einer ummauerten Rampe zum ersten unterirdischen Bahnhof hinunter.

Kurfürstenstraße In den Jahren 1973–75 bin ich hier, allerdings aus der anderen Richtung kommend, viermal die Woche ausgestiegen, um »zum Dienst« zu gehen, wie meine Mutter das trotz meines Einspruchs immer nannte, zur Fachhochschule für Verwaltung und Rechtspflege also, um dort zu lehren. Vor dem (ersten) Umzug ins Kudamm-Karree hatten wir dort unsere Hörsäle, die Büros aber in der Bayreuther Straße (aussteigen: Wittenbergplatz). Der Bahnhof Kurfürstenstraße hatte damals noch seine alten grünen Kacheln, war sehr düster und schmuddelig und galt als Drogenumschlagplatz.

Unter Kurfürsten- und Mackensenstraße hinweg ging es nun zum Bahnhof …

Nollendorfplatz Dessen Anlage begreift nur der, der im Fach räumliches Denken gut bis sehr gut ist (ich nicht). Das Umsteigen zur Linie 4 nach Innsbrucker Platz ist eine Wissenschaft für sich. Drei Ebenen gibt es. Oben – klar – ist der Hochbahnhof der heutigen Linie 2, unten aber gibt es zwei Ebenen. Auf der zweiten fährt man ein, wenn man von Kurfürstenstraße kommt, auf der ersten, wenn man den Bahnhof Nollendorfplatz vom Wittenbergplatz her erreicht. Hier ist auch umzusteigen in die Linie 4. Oder ist nicht doch alles ganz anders?

Wittenbergplatz Wegen seiner fünf Gleise und der außergewöhnlichen Breite läßt er mich immer an einen unterirdischen Fernbahnhof denken. Auch das ganz eigene Stationsschild, ein Geschenk der Londoner U-Bahn, verwirrt ein wenig. Schon als Kind genoß ich es, daß man beim Umsteigen von einer Linie zur anderen nicht treppauf, treppab und durch lange enge Gänge laufen mußte, sondern nur zur anderen Bahnsteigseite zu huschen hatte. Doch auch das ging nicht immer ohne Rempler ab, denn wer nur umsteigen wollte, kreuzte – und kreuzt auch heute wieder – die Bahn derer, die hinaufeilen ins KaDeWe, Berlins erster Kaufhausadresse; den Luxus eines direkten Zuganges gibt es ja nicht. Nach dem Mauerbau ging es Wittenbergplatz erheblich ruhiger zu, denn nachdem man die angeblich zu gering frequentierte Strecke Nollendorfplatz – Bülowstraße – Gleisdreieck (der letzte Bahnhof im Westsektor) stillgelegt hatte, endeten und starteten die Züge aus beziehungsweise nach Krumme Lanke hier, und der nächste Zug in diese Richtung stand nach dem

Einfahren noch lange wartend im Bahnhof. Besonders auf- und anregend war für mich als Junge die Stichstrecke zur Uhlandstraße, das spätere separate Stummelstück der Linie 3 mit nur drei Bahnhöfen: Wittenbergplatz, Kurfürstendamm (ab 1961) und Uhlandstraße. Als wir mit der Fachhochschule ins Kudamm-Karree umgezogen waren, bin ich hier öfter umgestiegen, wenn zumeist auch schon Kurfürstendamm. Verloren stand das Zwei-Wagen-Züglein auf dem langen Gleis, und mir tat der Fahrer leid: Die ganze Schicht über nichts weiter tun als die fünf Minuten pendeln. Monotonie pur. Wenn man das nun als Beruf hätte …

Als Kind beschäftigte mich hier noch ein anderer Alptraum: auf der falschen Seite auszusteigen, von Krumme Lanke kommend also in Fahrtrichtung rechts, denn dort lag zwar der Bahnsteig der Linie 3, war aber nicht zugänglich, da mit einem schmiedeeisernen Zaun versehen – einer Art Palisade mit scharfen Eisenspitzen oben. Wenn man da nun stand, den Bahnsteig nicht verlassen konnte und schreiend darauf warten mußte, vom nachfolgenden Zug erfaßt und zerstückelt zu werden … Das ist der Stoff, aus dem die Alpträume sind.

In den Jahren 1972 bis 1975 bin ich Wittenbergplatz ausgestiegen, um (siehe oben) in die Bayreuther Straße zu eilen, wo meine Fachhochschule gegründet wurde und in den ersten Jahren ihr Verwaltungszentrum hatte. Diese Zeit stand ganz im Zeichen meines Freundes und Kollegen Karl-Otto Nickusch, der Jurist war und eine große Karriere in der Industrie aufgegeben hatte, um etwas Neues zu schaffen. »Verwaltungsreform durch Ausbildungsreform«, das war sein und unser Motto; und das meiste von dem, was die Managementberaterfirmen dem Senat heute für viele Millionen verkaufen, haben wir damals schon zu Papier gebracht und umzusetzen versucht. »Otto«, wie er überall hieß, war ein überaus sympathischer Workaholic und ackerte für zwei. Er arbeitete so verbissen und bis zur totalen Erschöpfung, wie er früher Radrennen gefahren war. Er nahm sich nicht mal die Zeit, zur Toilette zu gehen.

»Wie hast du das denn früher beim Rennen gemacht?«

»Während der Fahrt durchs Hosenbein durch.«

Seit wir diesen Dialog geführt hatten, sah ich zuweilen – unsere Schreibtische standen sich gegenüber – unten durch die »Brücke«, ob sich da nicht neben seinem Drehstuhl …

Im Winter fuhren wir einmal die Woche zum Eisstadion Wilmersdorf, um dort auf dem großen Oval unsere Runden zu drehen. 25 x 400 Meter ergaben zehn Kilometer, und die wollten wir schaffen. Neben der sportlichen Ertüchtigung hatte ich jedoch auch im Sinn, so richtig zu entspannen, schönen Mädchen – Eisprinzessinnen – hinterherzusehen und zu träumen, noch einmal zwanzig zu sein. Doch immer, wenn ich gerade in der erhofften Stimmung war, tauchte Otto neben mir auf:

»Du, Hotte, ich finde, wir sollten den Fachbereichsrat beschließen lassen, das Sozialhilferecht vom dritten wieder ins vierte Semester zu schieben …«

1977 ist Otto dann an einem Gehirntumor verstorben, und das letzte Zeichen, das ich von ihm bekommen habe, ist die Widmung in einem Buch, dessen Mitautor er war. Eine krakelige Kinderhandschrift – er hatte nach der ersten Operation gerade wieder begonnen, schreiben zu lernen …

Früher folgte, fuhr man weiter in Richtung Krumme Lanke, ein Bahnhof, den es heute nicht mehr gibt:

Nürnberger Platz Wer genau aus dem Fenster schaut, kann ihn, obwohl wir ja durch einen Tunnel fahren, auch heute noch ausmachen: als Abstellgleis. Nach Inbetriebnahme der Linie 7 hätte der Bahnhof Nürnberger Platz zu dicht am neuen Kreuzungsbahnhof Spichernstraße gelegen. Statt seiner eröffnete man eine neue Station:

Augsburger Straße Wer, wie ich, Anfang der sechziger Jahre an der Freien Universität Berlin Soziologie studiert und noch den »alten Bülow« erlebt hat, für den ist die Augsburger Straße ein fester Begriff. Friedrich Bülow schwärmte in seinen Lehrveranstaltungen immer wieder von der großen Opernsängerin Frieda Hampel und vergaß nie hinzuzufügen, daß sie in der Augsburger Straße gewohnt habe. »... damals eine vornehme bürgerliche Adresse. Und wenn Sie diese Straße heute betrachten, dann haben Sie den sozialen Abstieg eines Quartiers vor Augen: Prostituierte und Bordelle.« Das war weit vor der Zeit, da C&A die Ecke Joachimstaler/Augsburger Straße zu prägen begann.

Spichernstraße Hier kann heute in die Linie 9 umgestiegen werden. Kommt man von Warschauer Straße, geht das mit einem kleinen Fußmarsch ganz gut, aus der Gegenrichtung aber muß man erst tief hinab- und dann mühsam hinaufsteigen, um die beiden Streckengleise der U 1 zu unterqueren. Für Ältere, Behinderte und Kinderwagenschieber eine ziemliche Qual.

Damals also gab es keinen Bahnhof Spichernstraße, und nach Nürnberger Platz kam:

Hohenzollernplatz Hier bin ich im Sommer 1962 einmal mit klopfendem Herzen ausgestiegen. Nein, nicht auf dem Wege zu einem Rendezvous, sondern zu einer literarischen Agentin. Für den Bastei-Verlag hatte ich meinen ersten Heftroman geschrieben – »Der Mörder stirbt im Treppenhaus« –, doch der war wegen zu gewagter Liebesszenen der Bundesprüfstelle für (oder gegen ...?) jugendgefährdende Schriften zum Opfer gefallen, und ich war nun auf der Suche nach einem neuen Abnehmer. Auch hatte ich einen Roman mit dem schönen Titel »Großmutti und wir« im Gepäck. Die Agentin in der Holsteinischen Straße war wie eine Göttin für mich, Pförtnerin für den Zugang zum alleinseligmachenden Leben. Einmal gedruckt zu werden war das Ziel all meiner Träume, ohne das schien mir die Existenz nicht denkbar, alles war darauf fokussiert. Doch ich hatte Pech, denn für keines meiner beiden Produkte konnten wir einen Interessenten finden. Und dennoch bin ich nicht umsonst Hohenzollernplatz aus der U-Bahn gestiegen, denn ich bekam von der Dame die Adresse des Marken-Verlages in Köln und von dessen Lektor alsbald den Auftrag, Romane mit dem CIA-Serienhelden John Drake zu schreiben. Ein Dutzend sind es schließlich geworden, und das war für mich die handwerkliche Lehre zum Krimischreiber. Die Heldin aus »Großmutti und wir«, meine Schmöckwitzer Oma, ist dann in »Brennholz für Kartoffelschalen« und »Capri und Kartoffelpuffer« wieder- und weiterverwertet worden.

Fehrbelliner Platz Er hat für einen Liebhaber märkischer Geschichte natürlich einen mystischen Klang. »In den Staub mit allen Feinden Brandenburgs!« – wie Kleist die ganze »Prinz von Homburg«-Truppe am Ende seines Stückes ausrufen läßt. Aber auch die Kritiker der öffentlichen Verwaltung können sich am Fehrbelliner Platz so richtig hochziehen, siehe folgenden Witz: »Wo befindet sich Berlins größter Friedhof?« – »???« – »Am Fehrbelliner Platz. Denn hier ruhen viertausend Beamte.« Gemeint sind die Innenverwaltung und das Bezirksamt Wilmersdorf. Als ich im Winter 1972/73 Fehrbelliner Platz aus der U-Bahn stieg, geschah das mit der Absicht, frischen Wind in die Berliner Verwaltung zu bringen – siehe oben. Von Bremen aus, wo ich im Rathaus in der »Kommission für Verwaltungsreform« meinen Dienst versah, hatte ich mich um eine Stelle in dem Stab beworben, der die Berliner Fachhochschule für Verwaltung aus dem Boden stampfen sollte. Keuchend kam ich oben an: Nach einer schlaflosen Nacht war mein Kreislauf ziemlich am Ende. Ich hatte im Wohnzimmer meiner Mutter geschlafen, das heißt: nicht schlafen können, da kurz vor Mitternacht gegenüber in einem Supermarkt eingebrochen worden war – so richtig mit allem Drum und Dran: klirrende Scheiben, Martinshörner und Aufräumlärm. Eine riesige »Findungskommission« verhörte mich, und ich war so durcheinander, daß ich nicht einmal meinen Namen richtig zusammenbekam. Trotzdem nahmen sie mich. Vielleicht hatte sich kein anderer beworben …

Heidelberger Platz Die mächtigen Gewölbe dieses Bahnhofs fand ich als Kind immer etwas furchterregend, und dennoch stellte ich mir vor, als Zwerg oder Gnom in einer der Höhlungen über den Stromschienen zu leben. War das schon behandlungsbedürftig? Nachdem ich 1973 mit meiner Familie aus Bremen heimgekehrt war in die »Frontstadt« Berlin und in der Koblenzer Straße eine Wohnung gefunden hatte, bin ich mit den Kindern des öfteren von hier aus zum Schlachtensee und zur Krummen Lanke gefahren. Die große Attraktion war die alte »Personenwaage« auf dem Bahnsteig unten. In meinem Kriminalroman »Ich wünschte, es wäre Nacht« habe ich sie auf Seite 10 beschrieben:

»Auf der wollt ich mich schon lange mal wiegen …«

»Mit Sachen an bringt das doch nichts …«

»Wenn's weiter nichts ist …«

Und Gottfried zögerte keine Sekunde, sich sämtliche Kleidungsstücke vom Körper zu reißen und die hingestreckten Arme seiner Frau als Kleiderständer zu verwenden. Splitterfasernackt stand er dann auf dem geriffelten Tritt, steckte seine zwanzig Pfennig in den Schlitz, vernahm voller Entzücken das Rattern, Dröhnen und Rauschen im Innern des Monstrums, sah, wie sich das blitzende Gestänge hob und senkte, in Zahnräder griff, Gewichte in Bewegung setzte und zuletzt zornig rumpelnd in einen Blechkasten fuhr, den Drucker, nur damit der dann ein kleines Pappkärtchen ausspucken konnte. »77 Kilo« …

Mein Sohn wollte diese Waage immer noch einmal ausprobieren, denn vielleicht hatte sich sein Gewicht in einer halben Minute doch erheblich verändert, und wir opferten ihr bei jeder Fahrt etliche Groschen.

Rüdesheimer Platz Hier bin ich in meinem ganzen langen Leben nie ein- oder ausgestiegen, und ich habe direkt das Gefühl, etwas versäumt zu haben. Angenommen, ich habe wirklich nur das eine Leben … und dann dies. Dabei ist es oben auf dem Platz wirklich sehr schön, so richtig feudal. Die ganze Strecke zwischen Wittenbergplatz und Dahlem ist ja damals von der reichen Gemeinde Wilmersdorf gebaut worden, um dem armen Berlin gegenüber gehörig zu protzen. Fast muß man an die Moskauer Metro denken. Man wollte die »besseren Kreise« anregen, in die geplanten und mit Grünanlagen durchsetzen Vororte zu ziehen. Die »Wilmersdorf-Dahlemer Schnellbahn« fällt damit in die Kategorie der sogenannten »Erschließungsbahnen«.

Breitenbachplatz Dieser Bahnhof war mir als Junge wesentlich wichtiger als Hohenzollern-, Heidelberger oder Rüdesheimer Platz, denn hier endeten ab und an die Verstärkerzüge, und es gab ein richtiges Abstellgleis. Ich stellte mir vor, wie herrlich es sein müßte, U-Bahnfahrer zu sein und hier beim Kehren des Zuges vorne auszusteigen und durch den Tunnel zum anderen Fahrerstand zu laufen – Herr über einen ganzen Zug, ein kleiner Gott mithin.

So richtig spannend wurde es dann knappe zwei Minuten hinter Breitenbachplatz, denn hier ging es ins Freie, in den Einschnitt, hinaus, und die U-Bahn war im Grunde keine mehr, denn der Tunnel hatte ja keine Decke, keinen Deckel mehr. Und war ein offener Tunnel ein Tunnel? Nein, denn laut Brockhaus ist ein Tunnel »eine unterirdisch geführte Strecke eines Verkehrswegs«. Und wir fuhren ja nun in der

Erde und nicht unter der Erde. Ich würde es so definieren: Tunnel ist da, wo es auch tagsüber dunkel ist.

Podbielskiallee Der erste Bahnhof, bei dem sich die Prophezeiung »Es werde Licht!« erfüllt hat. Von hier ab fährt man also weder mit der U(ntergrund)- noch mit der Hochbahn, sondern mit der – ja: was? – Einschnittbahn.

Dahlem-Dorf Wer zur West-Berliner Inselzeit Kinder hatte, der ist hier im Spätherbst und Winter, wenn es noch keinen Schnee gab und fürchterliches Schmuddelwetter herrschte, des öfteren ausgestiegen, um ins nahe Völkerkundemuseum zu gehen, denn wo sollte man sonst noch hin: Ins Aquarium? »Ö, nich schon wieda!« Ins Museum für Verkehr und Technik? »Da war'n wir doch letzten Sonntag erst ...« Ich war mit meinen Kindern sogar im »Museum für Volkskunde Berlin« – zu einer Ausstellung über die Schule früher. 1990 war ich dann noch einmal hier, um zur Ausstellung »Auf's Ohr geschaut – Ohrringe aus Stadt und Land vom Klassizismus bis zur neuen Jugendkultur« einen Auftragskurzkrimi, in dem ein Ohrring die entscheidende Rolle spielt, zu Gehör zu bringen.

Sehr zu empfehlen ist auch die Domäne Dahlem im Winkel zwischen Pacelliallee, Königin-Luise-Straße und U-Bahntrasse, und ich freue mich immer, wenn ich in ihren Räumen oder open air etwas aus meinem »Manfred-Matuschewski-Opus« vorlesen darf.

Thielplatz Das Lehrbuch in die Collegetasche gesteckt, Reißverschluß zu und aus dem Wagen gesprungen. Aussteigen zur Freien Universität. Bis zum 13. August 1961 hatte ich natürlich die S-Bahn benutzt, um von Neukölln zur Alma mater zu kommen, dann aber ging das nicht mehr (siehe West-Berliner S-Bahn-Boykott). Es war ein symbolischer Akt: Wer mit der (von der DDR betriebenen) S-Bahn

Kleinprofil-Zug aus A 2-Wagen im Winter 1970 kurz vor Einfahrt in den Bahnhof Thielplatz.

fuhr, war für Walter Ulbricht, den verhaßten Mauerbauer – und umgekehrt. Also mußte ich mit dem Bus durch die Stadt tuckeln, erst mit dem 4er bis Hauptstraße und dann mit dem 48er, was entsetzlich lange dauerte, oder bis Fehrbelliner Platz im 4er bleiben und dort in die U-Bahn steigen, um bis Thielplatz zu fahren. Der Weg zu den Hörsälen in der Garystraße war schön, doch schon bald setzten Bauchschmerzen ein, und auch andere psychosomatische Beschwerden machten sich bemerkbar, denn die Angst vor der Uni war groß. Es gab so viel Stoff, und keiner konnte einem sagen, was davon wichtig war. Und alle anderen schienen besser und klüger zu sein als man selber, zumal wenn man vom Neuköllner Hinterhof kam. Sicher, ich habe es alles irgendwie gepackt und die akademischen Weihen bis hin zur Professur bekommen, aber ich habe vor dem Bahnhof Thielplatz noch heute dieselbe Angst wie die Ratte vor dem elektrischen Gitter, bei dessen Berührung sie ganz früher einmal einen Schlag erhalten hat, und weigere mich strikt, Thielplatz auszusteigen.

Oskar-Helene-Heim Das klingt irgendwie so anheimelnd, zumal ich selber Horst Otto Oskar heiße: H_20, wie ein kluger Student einmal angemerkt hat.

Im Winter 1947 hat mein Vater hier mehrere Monate in Gips gelegen, mit einer Hüftgelenk-Tbc heimgekehrt aus sowjetischer Kriegsgefangenschaft. So ging es zweimal in der Woche mit der U-Bahn von Neukölln ins Oskar-Helene-Heim: von Rathaus Neukölln auf der Linie C I nach Stadtmitte, mit der Tunneleule natürlich, und von dort auf der Linie A II in Richtung Krumme Lanke.

In meinem Roman »Brennholz für Kartoffelschalen« fährt mein Held Manfred Matuschewski, knappe zehn Jahre alt, auch auf dieser Strecke, denn wie mein Vater lag auch seiner im Oskar-Helene-Heim.

Was die Fahrt aber so sensationell für Manfred machte, war die Tatsache, daß die Bahn gleich hinter dem Potsdamer Platz nach oben strebte und zur Hochbahn wurde. Unten fuhr die Straßenbahn, und man konnte den Leuten in die Fenster sehen. Wenn ihre Häuser noch standen. Aber Feldbahngleise und Trümmerfrauen bei der Arbeit sah er nicht mehr. Dann kam die Rampe zum Wittenbergplatz, und es ging wieder unterirdisch weiter. Kurz vor Podbielskiallee wurde es dann wieder hell, und sie fuhren des Rest der Strecke auf der Sohle eines Einschnitts. Viel Grün gab es jetzt, und oben sah er die schönsten Villen stehen, nicht eine einzige zerbombt. Wenn die Mondmenschen hier landen würde, dachte Manfred, hätten sie keine Ahnung, daß ein paar U-Bahnstationen weiter eine Trümmerwüste war.

Das Krankenhaus Oskar-Helene-Heim war weiträumig angelegt, und seine Mutter hatte ihm erzählt, daß es im Bereich der Orthopädie einen guten Ruf hätte, sein Vati also ganz bestimmt wieder gesund werden würde mit seiner Hüftgelenk-Tbc.

»Jetzt ist er aber noch ans Bett gefesselt.«

Beim Wort fesseln dachte Manfred automatisch an Old Shatterhand und Winnetou und fand es abscheulich, daß mit seinem Vater ebenso verfahren wurde …

So weit der Roman mit seinen Parallelen. Merken wir noch an, daß die BVG heutzutage dem reinen Linienbetrieb den Vorzug gibt und die Strecke zwischen Stadtmitte und Wittenbergplatz von der Linie 2 (siehe unten) befahren wird.

Onkel Toms Hütte Hier staunten wir mehr oder minder etwas ärmlichen Neuköllner Hinterhofkinder immer ganz besonders: Für uns waren die (US-)Amerikaner ja gottähnliche Wesen, und dieser U-Bahnhof war – schon des Namens wegen, denn das Buch von Beecher-Stone kannten wir alle, und natürlich auch weil das amerikanische Hauptquartier und die Siedlungen der GIs gleich um die Ecke lagen – ein Stück Klein-Amerika. Ein U-Bahnhof, der in ein Einkaufszentrum eingebettet war – ja, gab's denn das!? Es war eine völlig andere Welt als unsere … und immer noch nicht meine, als ich gute dreißig Jahre später wieder hier aussteige, um mit den eigenen Kindern zur Rodelbahn zu eilen. Sicher, von Status, Prestige und Einkommen her könnte auch ich hier wohnen, aber ich würde immer ein Fremder bleiben.

Krumme Lanke »Und dann saß ich mit der Emma auf der Banke …« Dieses Lied von Freddy Sieg gilt als die eigentliche Hymne der Berliner. Ich weiß nicht … Mir fällt bei Krumme Lanke immer nur ein: Schulausflug und Wandertag, endloses Latschen um Schlachtensee und Krumme Lanke, vom Durst geplagt, mit Blasen an den Füßen und dem Wimmern der Kameraden im Ohr, die sich einen Wolf gelaufen hatten. Aber später mit Sohn und Tochter auf dem Eis – das war herrlich. Obwohl … Wenn wir nun eingebrochen wären … Übrigens: An sich ist der Bahnhofsname Schummel, denn von der Bahnsteigkante bis zum See ist es fast ein Kilometer.

P. S. Manchmal schleppte uns unser Kunstlehrer auch zu einer Ausstellung ins Haus am Waldsee, und das war eine noch schlimmere Quälerei.

U 15 Warschauer Straße – Uhlandstraße

Da diese Linie zwischen Warschauer Straße und Wittenbergplatz identisch mit der aktuellen U 1 ist, brauchen wir erst am ersten Bahnhof einzusteigen, der ihr allein gehört, nämlich ...

Kurfürstendamm Doch auch den teilt sie sich mit der U 9, wobei die Strecke der U 15 die wesentlich ältere ist. In alten West-Berliner Frontstadt- und Inselzeiten pendelte immer ein Zwei-Wagen-Züglein als U 3 zwischen Wittenbergplatz und Uhlandstraße. Diese beiden Wagen sahen an den ewig langen Seitenbahnsteigen immer sehr putzig und ganz nach Spielzeug aus. Vom Bahnsteig aus kam man lange Jahre, ohne auf und über die Straße zu müssen, direkt zu »Tuberg«, einem Modellbahnlädchen. Und um sich dort kurz einmal umzuschauen, reichte die Zeit allemal, auch wenn man sehr in Eile war und nur eben schnell zu »Wertheim« wollte. Da blödele ich im Hörsaal beim Thema Werte immer: »In einer Gesellschaft, wo das Materielle ganz weit obenan steht, haben die Werte hier ihr Heim. Ich kaufe, also bin ich.«

Ob ich aus der Koblenzer Straße in Wilmersdorf (mit der U 9 vom Bahnhof Bundesplatz her) oder aus Frohnau (mit der U 9 aus Richtung Norden) kam, bei Sauwetter bin ich immer in die U 3 umgestiegen, um trockenen Fußes zur Fachhochschule zu gelangen, die ja bis 1993 im Kudamm-Karree zu Hause war. Auszusteigen war da ...

Uhlandstraße Auch hier verloren sich die zwei Kleinprofilwagen im großen Bahnhof und wirkten merkwürdig unberlinisch, provinziell wie zwei »Ferkeltaxen«, nur gelb statt rot gestrichen. Nur alle zehn Minuten kam das U-Bähnlein, aber die schönen alten Straßenbahnfotos an den Wänden machten das Warten angenehm.

Linie U 15 (Warschauer Straße – Uhlandstraße)

Streckendaten (Kleinprofil)	
Linienlänge	8,8 km
Anzahl der Bahnhöfe	13
Fahrzeit	21,5 min
Reisegeschwindigkeit	24,6 km/h
Mittlerer Abstand zwischen den Bahnhöfen	736 m
Eröffnungen	
Warschauer Brücke (heute Warschauer Straße) – Stralauer Tor (März 1945 zerstört)	17. 8. 1902
Stralauer Tor – Gleisdreieck (erst ab 3. 11. 1912 Bahnhof)	18. 2. 1902
Gleisdreieck – Wittenbergplatz (über Kurfürstenstraße)	24. 10. 1926
Wittenbergplatz – Uhlandstraße	12. 10. 1913
Inbetriebnahme Kurfürstendamm (zw. Wittenbergplatz und Uhlandstraße)	2. 9. 1961
Streckenbeschreibung	
Warschauer Straße – Gleisdreieck (Hochbahn)	
Gleisdreieck – Kurfürstenstraße (Hochbahn, Hausdurchfahrt, eingehauste Rampe)	
Kurfürstenstraße – Uhlandstraße (Tunnelstrecke)	

U 2 Vinetastraße – Ruhleben

Weil man hier gleich zweimal Hochbahn fahren kann, wo doch normalerweise ein wenig mehr zu sehen ist als nur im Tunnel, macht es immer wieder Spaß, auf der U 2 unterwegs zu sein, wenn das auch nie mit der Tunneleule möglich war. Rot war die Strecke von Pankow nach Ruhleben bereits in meiner Kindheit in die Pläne eingezeichnet, damals aber noch als Linie A (später A I), wie auch ihre Abzweigungen nach Richard-Wagner-Platz (später A III) und Krumme Lanke (später A II). Das alles läßt sich bei Alfred Gottwaldt (1994) genau nachlesen – hier erfährt man auch, daß 1960 bereits das große rote A mit der Endstation Breitenbachplatz zu finden ist. Am 13. August 1961 wird die Linie dann zwischen Thälmannplatz und Gleisdreieck unterbrochen, und am 1. Januar 1972 wird auch der Betrieb auf dem

West-Berliner Teilstück zwischen Gleisdreieck und Wittenbergplatz eingestellt. Erst 32 Jahre später gibt es wieder einen durchgehenden U-Bahnverkehr zwischen Alexanderplatz und Zoo, am 13. November 1993 wird die sogenannte »Durchbindung« gefeiert.

Linie U 2 (Vinetastraße – Ruhleben)

Streckendaten (Kleinprofil)	
Linienlänge	19,9 km
Anzahl der Bahnhöfe	28
Fahrzeit	46,0 min
Reisegeschwindigkeit	25,9 km/h
Mittlerer Abstand zwischen den Bahnhöfen	735 m

Eröffnungen	
Pankow (heute Vinetastraße) – Nordring (heute Schönhauser Allee)	29. 6. 1930
Nordring – Alexanderplatz	27. 7. 1913
Alexanderplatz – Spittelmarkt	1. 7. 1913
Spittelmarkt – Leipziger Platz (heute Potsdamer Platz)	1. 10. 1908
Potsdamer Platz – Gleisdreieck (erst ab 3. 11. 1912 Bahnhof)	18. 2. 1902
Inbetriebnahme Mendelssohn-Bartholdy-Park (zw. Potsdamer Platz und Gleisdreieck)	1. 10. 1998
Gleisdreieck – Zoologischer Garten (über Bülowstraße)	11. 3. 1902
Zoologischer Garten – Knie (heute Ernst-Reuter-Platz)	14. 12. 1902
Knie – Bismarckstraße (heute Deutsche Oper)	14. 5. 1906
Bismarckstraße – Reichskanzlerplatz (heute Theodor-Heuss-Platz)	29. 3. 1908
Inbetriebnahme Bismarckstraße (neu) (zw. Deutsche Oper und Sophie-Charlotte-Pl.)	28. 4. 1978
Reichskanzlerplatz – Werkstatt Grunewald (zunächst nur für Betriebsfahrten)	3. 11. 1912
Reichskanzlerplatz – Stadion (heute Olympia-Stadion [Ost])	8. 6. 1913
Inbetriebnahme Neu-Westend (zw. Reichskanzlerplatz und Stadion)	20. 5. 1922
Stadion – Ruhleben	22. 12. 1929

Streckenbeschreibung
Vinetastraße – Schönhauser Allee (Tunnelstrecke, Rampe, Hochbahn)
Schönhauser Allee – Eberswalder Straße (Hochbahn)
Eberswalder Straße – Senefelderplatz (Hochbahn, Rampe, Tunnelstrecke)
Senefelderplatz – Potsdamer Platz (Tunnelstrecke)
Potsdamer Platz – Mendelssohn-Bartholdy-Park (Tunnelstrecke, Rampe, Hochbahn)
Mendelssohn-Bartholdy-Park – Nollendorfplatz (Hochbahn)
Nollendorfplatz – Wittenbergplatz (Hochbahn, Rampe, Tunnelstrecke)
Wittenbergplatz – Neu-Westend (Tunnelstrecke)
Neu-Westend – Olympia-Stadion (Ost) (Tunnelstrecke, Einschnittbahn)
Olympia-Stadion (Ost) – Ruhleben (Einschnittbahn, Dammstrecke)

An Hochbahnbrücken hängen Transparente mit der Aufschrift »Zwischen Ruhleben und Pankow ist was im Gang«, und Jürgen Meyer-Kronthaler und Uwe Poppel schreiben in den BVB 12/93: »Mit der U 2 ab durch die Mitte!« Fahren wir los …

Vinetastraße Pankow (Vinetastraße) hieß der Bahnhof früher, und ausgestiegen bin ich hier bis heute nicht, nur einmal eingestiegen – und das auch erst im Jahre 1991, als mich ein Ost-Berliner Schriftstellerkollege dort abgesetzt hatte, also schon zu Zeiten, als es keinen Führungsoffizier mehr gab, dem er als treuer IM diese Aktion schnell hätte melden müssen.

Schönhauser Allee Als S-Bahnfahrer (siehe »Einsteigen bitte, Türen schließen!«) wußte ich natürlich, daß es dort eine Hochbahn gibt, aber gefahren bin ich als »junger Mensch« von Schönhauser Allee bis Alexanderplatz meines Wissens nach nur einmal: 1958 in meiner Zeit als Siemens-Lehrling. Ich wollte zur Geburtstagsfeier meiner Kohlenoma in Kreuzberg und hatte vergessen, Gesundbrunnen in die Linie D umzusteigen. Ansonsten aber ist mir als West-Berliner gar nicht so recht bewußt gewesen, daß wir neben der Kreuzberger Hochbahnstrecke in Berlin noch eine zweite hatten. Erst durch das Adlershofer Fernsehen und seine Filme ist mir das aufgefallen.

Eberswalder Straße Danziger Straße/Dimitroffstraße … Im Umbenennen ihrer Bahnhöfe haben es die Berliner zu einer gewissen Meisterschaft gebracht (siehe dazu das hervorragende Buch von Jürgen Meyer-Kronthaler). Grünes Blech wölbt sich über einem, wie in einer Fabrikhalle fühlt man sich. In letzter Zeit bin ich hier öfter ausgestiegen: Der Kollege Hartmut Mechtel hat in der Sredzkistraße gelebt (und prompt lasse ich dort in meinem Kriminalroman »Fendt hört mit« eine meiner Figuren wohnen), und ab und an gibt es Lesungen in der nahen »Kulturbrauerei«. In der Schliemannstraße habe ich mir bei einem Rechtsanwalt Rat geholt, als die Drehbücher für Christian Quadflieg als »Jugendgerichtshelfer W. P. Anders« zu schreiben waren. Bei all diesen Besuchen bin ich immer etwas aus der Zeit gefallen, denn in dieser Gegend sieht es – abgesehen von den vielen Copy-Shops sowie den schrillen Computer- und Videoläden – fast noch aus wie bei uns damals im Neukölln der fünfziger Jahre. Was hat Willi Schneider immer gesungen – unter anderem natürlich: »Man müßte noch mal zwanzig sein …«

Die nächsten Bahnhöfe – **Senefelderplatz** und **Rosa-Luxemburg-Platz** – kann ich gedanklich ohne Halt durchfahren, denn dort bin ich nie ein- oder ausgestiegen; auch sind sie als solche die pure Langeweile. Im Gegensatz zum Bahnhof …

Alexanderplatz Hier zeigt sich Alfred Grenanders ganze Meisterschaft als U-Bahn-Architekt. Auch kann man sich am Kiosk köstliche Backwaren kaufen und an den Wänden, statt der Reklame, Kunst bewundern.

Klosterstraße Das ist *der* Bahnhof für alle S- und U-Bahn-Narren sowie Straßenbahn- und Omnibus-Fans, denn an den Wänden hängen alle interessanten Wagentypen (mit Ausnahme der Tunneleule, was eine Schande ist), poppig-naiv gestaltet, und dort, wo am Bahnsteigende der halbe A I-Wagen in der Stirnwand steckt, sollte einmal ein drittes Gleis abgehen, die spätere Strecke nach Friedrichsfelde. Trotz dieser Genüsse steige ich Klosterstraße nur ungern aus, denn im nahen Gebäude sitzt die Fachaufsicht unserer Hochschule, und unser Verhältnis zu ihr ist in etwa so innig wie das zwischen den Apatschen und den Kommantschen bei Karl May. Wobei wir die Guten, also die Apatschen sind.

Bahnhof Klosterstraße als Ort der Literaturvermittlung: Der Autor während seiner Lesung im Juni 1998.

Am 27. Juni 1998 stehe ich hier zur kuriosesten Lesung meines Lebens. Es ist 2 Uhr 31 nachts beziehungsweise morgens, als man mir ein Pult auf den Bahnsteig stellt und das Mikrofon einschaltet. Vor mir sitzen 150 Zuhörerinnen und Zuhörer in einem Zug, bestehend aus zwei Diesellokomotiven und drei Bauwagen. Diese »Cabrio-Wagen« sind mit Längssitzen versehen, so daß mir die Hälfte der Lauschenden den Rücken zuwendet und an die gekachelte Tunnelwand starrt. Und woraus lese ich? Aus dem Manuskript dieses U-Bahn-Buches natürlich … Um 1 Uhr 16 sind wir – mit gelbem Bauhelm auf dem Kopf – am Bahnhof Deutsche Oper gestartet und mit 35 km/h auf der U 2 Richtung Pankow gefahren. An allen Bahnhöfen haben sie uns bestaunt, und auf der Hochbahn hatten wir unseren Höhepunkt: den Blick auf die Bau- und Schaustelle am Potsdamer Platz. Zwanzig Minuten lese ich. Pärchen knutschen sich, einige Singles sind alsbald sanft entschlafen, eine Gruppe buchabstinenter Kids reißt die Bierbüchsen auf und lärmt wie in der großen Pause. Die »Abendschau« des SFB berichtete anschließend von einer »diffusen Lesung«, schmähte mich also, vergaß aber das Wesentliche: daß ich mich zu dem Auftritt nicht gedrängt hatte. Es handelte sich um eine Benefizveranstaltung des Fördervereins »Forschung Contra

Blindheit e. V. – Initiative Usher-Syndrom«, bei der auch ich gebeten worden war, der guten Sache wegen honorarfrei mitzumachen. Gleichviel, es war eine sehr schöne Sache, und Karl-Hermann aus Bodenwerder an der Weser, der Bruder meines mitreisenden Freundes Peter Hüne (siehe S-Bahn-Buch), bringt es, als man ihn abfilmt, auf den Punkt: »Gewaltig!« Durch den »Klostertunnel« und den Verbindungstunnel zwischen der U 8 und der U 7 am Hermannplatz geht es dann zurück zum Ausgangspunkt. Nachvollziehen kann man das alles, indem man sich das vortreffliche Video »U-Bahn Berlin – Nächtliche Besichtigungsfahrten« von Dieter und Uwe Bohrer ansieht – oder aber für 50 Mark selber mitfährt (ohne Lesung, also ohne die Qual, zuhören zu müssen). Anmeldungen unter 030/25 62 76 02 bei der BVG. Die Warteliste soll länger sein als der Zug.

Märkisches Museum Früher frug (= fragte) man sich, ob man nicht irrtümlich in die Londoner Underground geraten sei, denn das hohe Tonnengewölbe dieser Station ist so richtig unberlinisch. Heute jedoch ist alles abgestützt und mit Bretterböden abgesichert, damit die locker gewordenen weißen Kacheln den Leuten nicht die Schädel einschlagen. Durchregnen soll es auch, das heißt: soll es nicht. Das Museum oben widerlegt die Sprachforscher, die meinen, Mus-eum und Mus-topf hätten nicht den gleichen Stamm. Die Macher im Märkischen Museum scheinen jedenfalls, was die modernen Präsentationstechniken betrifft, aus selbigem zu kommen. Schön, ich habe Vorurteile, aber … Dem wohl interessantesten Mann der frühen Mark, dem Markgrafen Waldemar, dem letzten Askanier oder falschen Waldemar, widmen sie keinen einzigen Quadratmeter. Und als der in München ansässige dtv-Taschenbuchverlag um ein Foto bittet für das Cover meines Buches »Wie ein Tier«, der fast schon legendären Geschichte des Berliner *S-Bahn*-Mörders Paul Ogorzow, der seine (Un-)Taten *1940/41* begangen hat, schickt man ihnen die Ablichtung eines *U-Bahn*zuges, gebildet aus A 1-Wagen aus dem Jahre *1902*, der auf dem U-Bahnhof Kottbusser Tor steht. So hat man es mir aus München berichtet. Mein Ruf als Nahverkehrsexperte ist für immer ruiniert, bei Lesungen verhöhnt man mich. Ich versichere aber an Eides Statt, nichts davon gewußt zu haben und erst bei Erhalt des Belegexemplars in Ohnmacht gefallen zu sein. Nach meiner sofortigen Intervention ziert nun den Umschlag der zweiten Auflage tatsächlich ein alter S-Bahnzug (wenn auch einer, wie er so 1940/41 nicht gefahren ist).

Spittelmarkt und **Hausvogteiplatz** wirken ausgesprochen ärmlich, ihre Kacheln erinnern mich ein jedes Mal an die scheußliche Toilette meiner alter Heiligenseer Laube beziehungsweise Datsche.

Von der U-Bahn direkt ins Schauspielhaus. Durch die Neubebauung rund um den Gendarmenmarkt ist dieses im Februar 1995 entstandene Bild heute schon ferne Vergangenheit.

Stadtmitte Das ist ein alter Stationsname (seit 1936), er hätte jedoch auch von den PR-Beratern unserer großen K. o.alition extra erfunden werden können, denn er signalisiert da Gewißheit, wo ansonsten keine ist: »Seht her, die Stadt hat eine Mitte, und diese eine Mitte ist hier …« Nicht etwa am Alexanderplatz, in der Gegend Zoo/Kudamm/Gedächtniskirche oder gar

Eher am Rande der alten und neuen Mitte Berlins: U-Bahnhof Stadtmitte (November 1993).

in den Zentren respektive Centern der Bezirke. Mitte ... das steht auch für den ruhenden Pol, für den Ausgleich und die Mäßigung. Die U-Bahn-Benutzer wissen allerdings, daß Stadtmitte eigentlich als gehörige Fehlkonstruktion zu werten ist, denn will man von der Linie 2 in die Linie 6 umsteigen, hat man sich auf einen längeren Fußmarsch einzurichten. Ein bißchen gruselig ist das immer, auch für einen, der nicht wegen eines klaustrophobischen Syndroms in Behandlung ist. Es ist wie in einem Film beziehungsweise Alptraum (was an sich zwei verschiedene Sachen sind): Man sieht sich von einem Killer verfolgt, läuft davon, hat keine Kraft mehr, endlos ist der Tunnel ... Oder ein großer Brand ist ausgebrochen, giftige Rauchschwaden ziehen durch den Tunnel, in panischer Angst flieht die Menge, hustet sich die Lunge aus dem Hals. Wir stecken mitten drin, stolpern, fallen, werden von unzähligen Füßen in den Boden gestampft, verlieren das Bewußtsein ... Viele Menschen in Berlin meiden diesen »Mäusetunnel«, wie er im Volksmund heißt, weil sie diese Ängste haben, unbewußt zumindest. Um diese etwas abzubauen, hat man wohl die Barriere in der Mitte, die die Menschenströme seit Jahrzehnten in rechts und links geteilt hat, beseitigt. Auch sitzen immer Musikanten am Boden und sorgen für Konzertsaalstimmung. Nach der Wende waren die Wände mit Hauptstadtnamen verziert, dies aber in Lautschrift. Als Kind war der »Mäusetunnel« stets ein Höhepunkt meiner U-Bahnfahrten. Ging es in den Zoo, freute ich mich mehr auf ihn als auf die Tiere dort. Außerdem war es unfaßbar für mich, ein Mysterium, daß auf der Linie C die Tunneleule fuhr, mit all ihren Rundungen, und auf der Linie A, in die es umzusteigen galt, eckige Kästen, Kleiderschränke oder Zigarrenkisten, die Wagen vom Typ A I.

Mohrenstraße Wie ...? Fragt mich jemand nach dem Bahnhof Mohrenstraße, bin ich erst einmal geneigt, ganz spontan auszurufen: »Tut mir leid, kenn' ich nicht, gibt's nicht in Berlin.« Für mich ist das **Thälmannplatz** (so hieß diese Station immerhin von 1950 bis 1986). Weiß Gott nicht aus ideologischen Gründen, sondern vielmehr aus alter Gewohnheit, war sie doch vom Mauerbau bis zur Wende der Endpunkt einer der beiden Ost-Berliner Linien. Ganz früher hörte sie auf den Namen **Kaiserhof** (von 1908 bis 1950) und für kurze Zeit auch auf **Otto-Grotewohl-Straße** (von 1986 bis 1991). Wie soll man da so schnell schalten. Außerdem: Der gute, edle und schöngeistige Linke hat etwas gegen den Mohren zu haben. Nicht gegen meinen Freund Steffen Mohr in Leipzig (siehe sowohl oben als auch weiter unten), gegen Friedrich Schiller (»Der Mohr hat seine Arbeit getan,/ Der Mohr kann gehen ...«) und erst recht nicht gegen Farbige, blacks oder wie auch immer ... ganz im Gegenteil. Mohr steht für Neger und damit – wie Mohrenkopf und Negerkuß – für imperialistische Sklavenhalterpolitik und rassische Diskriminierung. So falsch ist es ja nicht, und wer die rechte Gesinnung auf diese Weise offenbart, muß viel zu verarbeiten haben, also soll er. Vielleicht sollten wir konsequenterweise auch darauf verzichten, deutsche Namen zu tragen, weil Deutsch schließlich, wie wir alle wissen, die Sprache derer ist, die ... Gott sei Dank: *Ich* habe einen polnischen Namen und bin damit frei von aller kollektiven Schuld. Wenn ich mal viel Zeit habe, schreibe ich für DIE ZEIT einen Essay über die Inländerfeindlichkeit der linken deutschen Tiefsinnsschickeria.

Am 18. Oktober 1990 zeigt sich der Dienstraum des seit 29 Jahren stillgelegten Bahnhofs Potsdamer Platz noch recht trostlos; erst rund drei Jahre später rollen wieder U-Bahnzüge mit Fahrgästen durch diese vorbildlich restaurierte Station.

Potsdamer Platz »Der Potsdamer Postkutscher putzt seinen Potsdamer Postkutschkasten.« Das sollte ich als Kind, wenn der Zug hier hielt, immer ganz schnell hintereinander hersagen, dreimal möglichst, schaffte es aber selten bis nie. Von 1961 bis nach der Wende gab es keine Chance, es im Bahnhof Potsdamer Platz zu üben, denn stillgelegt war alles, diente nur als Aufstellanlage für das Ost-Berliner Kleinprofil, zugänglich nur für absolut westresistente BVBler. Heute ist die Station, auch weil in einer Kurve gelegen, einer der schönsten Grenander-Bauten, und das Warten macht Spaß. Will man zur S-Bahn überwechseln, muß man über die Straße, an der roten Info-Box vorbei und kann sich, so man will, am Werden Neu-Berlins ergötzen. Mir scheint, es wollen in der Regel nur Touristen. Sollen sie. Wenn ich früher unartig war, rief meine Mutter immer: »Na, hast du heute wieder deine Tour!« Hängt das irgendwie zusammen? Vielleicht ließe sich das in einer mit Magna cum laude zu bewertenden Dissertation einmal gültig bis endgültig klären.

Auf einer Rampe geht es nun zu Hochbahnhöhe hinauf, und rechts in Fahrtrichtung tanzen die Kräne. Mein Berlin ist das nicht mehr, was da entsteht. Irgendwelche Außerirdischen, die mich einen feuchten Kehricht interessieren, bauen da. Und da kann der Herr Hassemer noch so viele gut bezahlte Orgasmen kriegen, wenn er uns das alles anpreist.

Mendelssohn-Bartholdy-Park Dieser Bahnhof sollte ursprünglich Hafenplatz heißen und wurde erst am 1. Oktober 1998 eröffnet, damit die Bediensteten in den Neubauten am Potsdamer Platz nicht so weite Wege gehen müssen und auch die vielen Besucher so richtig strömen können.

Gleisdreieck Über diesen Bahnhof ist weiter oben schon berichtet worden, doch nun fahren wir mit dem Zug der Linie 2 ein. Gleisdreieck ist ein sogenannter Turmbahnhof – unter den Gleisen der Linie 1. Zu ergänzen ist auch noch, daß von hier aus einmal eine waschechte Magnetbahn Richtung Kemperplatz gestartet ist. Von 1989 bis 1991 ist das gewesen. Irgendwer hat sogar die hirnrissige Idee gehabt, das ganze West-Berliner Kleinprofilnetz auf die Magnetbahn umzurüsten. Ich hatte nie etwas mit diesem Mini-Transrapid im Sinn und bin aus Protest gegen diese Steuergeldverschwendung auch nie damit gefahren, habe aber nicht verhindern können, daß in einem meiner Drehbücher zur Fernsehserie »Detektivbüro Roth« Manfred Krug den Gangster auf einem Werkstattwagen der Magnetbahn verfolgt. Kurz vor der Brücke über den Landwehrkanal springen sie dann beide ab ... und der Gangster hechtet kopfüber ins Wasser. Der Krug folgt ihm nicht, obwohl ein Taucher den Kanalgrund zuvor nach lauernden Gefahren abgesucht hat. Schade, dabei war es ja gar kein Brunnen, zu dem er hätte gehen müssen. Unvergessen ist das Foto, das einen Zug der Magnetbahn im Dezember 1988 zeigt: Nachdem am Kemperplatz, dem Endbahnhof, die Bremsen versagten und er durch die Gebäudewand schoß, sieht man ihn dort hängen, halb drinnen, halb draußen. (Nachzulesen in dem Beitrag von Ivo Köhler im GVE-Band »U 2 – Geschichte(n) aus dem Untergrund«, S. 98–100).

Um das Gleisdreieck herum bleibt es aufregend, so am 4. März 1998, als ... Doch genießen wir es im O-Ton des *Tagesspiegels* vom Morgen danach:

Sturmböen bis Stärke 10 brachten gestern nicht nur Fahrradfahrer aus dem Gleichgewicht. Kurz vor 13 Uhr stoppte die BVG sogar die Züge auf der U-Bahnlinie 2 – der Turm der Luther-Kirche am Dennewitzplatz drohte auf die Hochbahntrasse zu stürzen. Zehntausende Fahrgäste mußten zwischen Gleisdreieck und Nollendorfplatz auf die Linien 1 und 15 ausweichen. Am Abend gaben die Metereologen Entwarnung, gegen 18 Uhr fuhr die BVG wieder.

Bülowstraße Da zünden sofort allerlei Assoziationen:

1. Vicco v. Bülow gleich Loriot, der Komiker, den (auch) ich vergöttere, zumal mein ältester Freund ebenfalls mit Möbeln gehandelt hat und nicht ganz ohne das Verhalten war, das wir aus »Ödipussi« kennen: »Eiche imitiert ... den kann ich dir 15 Prozent billiger lassen.«

2. General Bülow von Dennewitz – nach ihm ist die Station benannt. Das ist der B. aus meinem Zigarettenbildchen-Album, Bild 131: ... *einer der erfolgreichsten preußischen Heerführer der Befreiungskriege. Er besiegte die Franzosen bei Großbeeren und Dennewitz; ferner kämpfte er in der Völkerschlacht bei Leipzig und später unter Blücher in Frankreich. Bei Waterloo trug sein Eingreifen wesentlich zum Siege der Verbündeten bei.*

3. Bernhard Heinrich Martin Fürst v. Bülow, Reichskanzler von 1900 bis 1909.

4. Hans v. Bülow, Musiker und verehelicht mit Franz Liszts Tochter Cosima.

5. Frau Bülow, meine Klassenlehrerin im Herbst 1946 in Neukölln. Eingeschult worden bin ich im Herbst 1944 im Dorfe Zieko im heutigen Sachsen-Anhalt (bitte bei Gelegenheit Gedenktafel anbringen), wo wir evakuiert waren, um dann nach abermaligem Ortswechsel bis zum Kriegsende in Groß Pankow (Prignitz) in die erste Klasse zu gehen, was insgesamt nur ein halbes Jahr in der ersten Klasse ergeben hat. Nach unserer Rückkehr ins zerbombte

Hochbahnhof Bülowstraße: Bevor die U-Bahn Ende 1993 wieder zwischen Nollendorfplatz und Mohrenstraße (Linie U 2) verkehren konnte, mußten die Bahnhöfe generalsaniert werden. Im Hintergrund der Turm der Luther-Kirche.

Berlin im Oktober 1945 wollte mich nun besagte Frau Bülow nicht in die zweite Klasse der Volksschule am Hermannplatz aufnehmen, sondern die erste Klasse wiederholen lassen. Da hätten Sie einmal meine Mutter sehen sollen. »Er kann schon alles rechnen!« trumpfte sie auf, während ich intelligent zu gucken suchte. »Und schreiben auch.« Der Bluff wirkte, und Frau Bülow gab schließlich doch nach. Irgendwie aber wirkt ihr Blick, wie sie mich da als Halbidioten einstuft, noch heute leicht traumatisch in mir nach.

6. Das Bülow als der Raum, in dem ein Chinese arbeitet.

Nun ja … Nach der Stillegung des Bahnhofs am 1. Januar 1972 gab es hier zunächst das Restaurant »U-Tropia« und anschließend einen »Türkischen Basar« und als Touristenattraktion auf der Hochbahn den Pendelverkehr eines TM 34-Triebwagens der Straßenbahn zum Nollendorfplatz. Ich bin die Strecke einmal mit meinen Kindern gefahren … und irgendwie empfand ich es als, sagen wir, pervers. Wer miterleben und nachvollziehen will, wie der Hochbahnbau in der Bülowstraße begann und wie es vorher hier aussah, der schlage bei Erdmann Graeser nach, in »Lemkes sel. Wwe.«. Oder waren es »Die Koblanks« …?

Nollendorfplatz Siehe oben, aber diesmal sind wir tatsächlich auch oben, auf dem oberen Bahnsteig. Bei Nollendorf hat einmal eine wichtige Schlacht der Preußen stattgefunden, habe ich dunkel im Gedächtnis und finde beim Nachschlagen tatsächlich etwas in dieser Richtung, wenn auch nicht im »Großen Ploetz«, sondern im Zigarettenbildchen-Album, Bild 132: *FELDMARSCHALL KLEIST VON NOLLENDORF, 1762–1823, befehligte in den Befreiungskriegen ein Korps in der Hauptarmee der Verbündeten. Durch seinen kühnen Umgehungsangriff bei Nollendorf führte er die siegreiche Entscheidung der Schlacht gegen den französischen General Vandamme herbei.* Vor ihrer Zerstörung 1944 war diese Hochbahnstation mehr Dom als Bahnhof, jetzt ist sie nüchtern funktionalistisch. Nicht zu vergessen ist, daß sie zwischen der Streckenstillegung 1972 und der Wiedereröffnung am 13. November 1993 als Trödelmarkt und Restaurant gedient hat, Stichwort »Nolle«. Die südliche Seite des Platzes, wo auch das »Metropol« zu finden ist, muß von der Polizei als schwer revolutionär oder kriminell eingeschätzt werden, denn immer sind hier Mannschaftswagen zu sehen.

Von nun an geht's bergab, das heißt wieder in den Tunnel hinein, denn als diese Strecke gebaut wurde, wollten die Charlottenburger nicht, daß ihre schöne Kaiser-Wilhelm-Gedächtniskirche von einer Hochbahntrasse verschandelt wird – wofür man sie eigentlich nur loben kann. Ein Charlottenburger müßte demnach als ein klug vorausschauender Mensch gelten, steht aber bei älteren Berlinern für etwas ganz anderes, nämlich für jene Handlung und ihr Ergebnis, mit der man gelblichgrünen Nasenschleim, vulgär: Rotz, mit Daumen und Zeigefinger der rechten Hand durch Druck auf die Nasenflügel aus der vollen Nase flutschen läßt und auf den Boden schleudert. Während meiner Bremer Zeit lachte man sich dort schon halbtot über das große Kennedy-Wort »Ich bin ein Berliner« (was dortzulande ein Pfannkuchen ist), wie aber würden wir erst reagieren, wenn einer unserer über alles geliebten Spitzenpolitiker Charlottenburg ähnlich ehren würde …

Gefährlich ist es an dieser Stelle, wie wir dem *Tagesspiegel* vom 2. Mai 1997 entnehmen können, wo unter der Überschrift »Auto landete auf U-Bahngleisen« zu lesen steht:

Auf den Gleisen der U-Bahnlinie 2 landete am späten Mittwochabend ein BMW: Das Fahrzeug war auf der Kleiststraße in Schöneberg mit einem Golf zusammengestoßen, hatte das Schutzgitter zur U-Bahn durchbrochen und war etwa drei Meter tief auf die Gleisanlage gestürzt.

Etwa 50 Meter vor der Unfallstelle verläßt die U-Bahn den Tunnel und fährt als Hochbahn zum Nollendorfplatz weiter. Bei dem Unfall wurden die beiden 22 Jahre alten Fahrer sowie zwei Frauen in dem BMW leicht verletzt. (...) Der U-Bahnverkehr war bis 1.10 Uhr unterbrochen. Die Gleise blieben allerdings unbeschädigt. Die Feuerwehr zog den Wagen mit einem Kran zurück auf die Straße.

Dunkel wird es nun, der Zug rattert über mehrere Weichenstraßen.

Wittenbergplatz Siehe ebenfalls weiter oben. Umzusteigen ist hier in die Linien 1 und womöglich auch 15: derselbe Bahnsteig, nur hinüber zum anderen Gleis. Wir bleiben aber im Zug der Linie 2 nach Ruhleben.

Zoologischer Garten Hier ist es immer sehr voll und eng beim Aussteigen, und man muß aufpassen, nicht gegen eine der stählernen Stützen gedrückt zu werden und dort zu zerschellen. Mitte der fünfziger Jahre, als mein Vater und ich abends einmal auf dem Weg ins Schiller-Theater waren, standen nicht ganz so viele Leute auf dem Bahnsteig und warteten, aber zwei Dutzend waren es doch in unserer Nähe. Mein Vater, der eine Hüftgelenk-Tbc aus sowjetischer Kriegsgefangenschaft mit nach Hause gebracht hatte und zeitlebens am Stock gehen mußte, war vor dem Stadtplan stehengeblieben und erläuterte mir, in welchen Postdienststellen er seit 1928 gearbeitet hatte. Er tat dies sehr ausführlich, und da ich alles schon etliche Male gehört hatte, schlenderte ich weiter. Leise und in schelmischer Absicht zwar, aber doch nicht ahnend, was nun geschah. Er hatte nicht gemerkt, daß ich gegangen war, und sprach weiter, nun allein vor dem Stadtplan und immer mehr in Rage geratend. »Der Zappe, das war vielleicht ein Schubiak (= böser, hinterhältiger Mensch), der hat mich meine Beförderung gekostet. Wenn ich dem noch einmal im Dunkeln begegnen sollte, dann ...« Dabei schwang er seinen hölzernen Stock wie der Alte Dessauer seinen Säbel und hieb damit die Luft in Stücke. Die Leute wichen zurück. Die einen murmelten etwas von einem »armen Irren«, andere meinten, daß man den Stationsvorsteher benachrichtigen müsse, »um ihn einzuliefern«. Da blieb mir nichts weiter übrig, als ihn zu retten.

1958, beim Bau der U 9, fuhr man hier stellenweise im Freien, das heißt, die Tunneldecke war abgebrochen. Das erinnerte sehr an die Tage im Krieg, als es so ähnlich ausgesehen hatte.

Ernst-Reuter-Platz Ich verehre Berlins großen Bürgermeister (»Ihr Völker der Welt, schaut auf diese Stadt«) in hohem Maße, aber Kontinuität ist auch ein hoher Wert, und die Sucht, alles umzubenennen, zerstört die Identität einer Stadt ganz erheblich. Darum spreche ich, steige ich hier ein oder aus, öfter noch vom **Knie**, trug doch die Station von ihrer Eröffnung 1902 bis 1953 diesen einprägsamen Namen. Nicht etwa benannt nach dem Knie von Lilian Harvey oder Marlene Dietrich, auch nicht nach den Schlagern »Ich hab' ihr Knie geseh'n, das durfte nie gescheh'n« oder »Was machst du mit dem Knie, lieber Hans, beim Tanz«, sondern ganz einfach, weil die U-Bahn hier einen Knick machte und in die Ost-West-

Ernst-Reuter-Platz: Bei den Sanierungsarbeiten im Frühjahr 1996 kam unter den abgeschlagenen Fliesen der alte Bahnhofsname zum Vorschein.

Achse einschwenkte. TU-Student war ich nicht, bin aber dennoch oft hier ein- und ausgestiegen, denn von 1969 bis 1970 habe ich in der Knesebeckstraße 16 in Untermiete gewohnt, aber auch um ins Renaissance- und Schiller-Theater zu gehen oder bei Kiepert Bücher zu kaufen. Nun, das Schiller-Theater haben die Berliner Kulturbarbaren der Vergessenheit anheimgegeben, und Kiepert ist die einzige der maßgebenden Berliner Buchhandlungen, in der ich noch nie Geschriebenes verlesen durfte. Ich fahre also weiter.

Deutsche Oper Wenn ich diesen Bahnhofsnamen lese, bekomme ich plötzlich Herzrhythmusstörungen und Atemnot ... Das alte Elend steht mir wieder vor Augen. Was für andere rückblickend ihr Gefängnisaufenthalt ist, ist für mich meine Siemens-Lehre von 1957 bis 1960, zumindest die Berliner Zeit am Anfang (siehe oben unter Kottbusser Tor). Siemens & Halske hatte die Firma Nora aufgekauft, und so verbrachte ich das erste Jahr bei Nora in der Wilmersdorfer Straße. Aussteigen Deutsche Oper und dann in Fahrtrichtung links. Vom Kottbusser Tor kam man zu dieser Zeit ohne Umsteigen hierher. Schöner ist da die Erinnerung an die großen Staffelläufe Potsdam – Berlin, wo ich – erst im blau-weißen Dreß von TuS Neukölln, dann in den weiß-roten Farben von NSF – tapfer meine 400 Meter die Bismarckstraße entlang gewetzt bin. Noch süßer aber ist der Gedanke an die Zeit, als diese Station noch **Deutsches Opernhaus** hieß und man hier in eine Stichbahn zum Richard-Wagner-Platz umsteigen konnte, wo meine Lieblingstante wohnte. Exkurs auf der Linie A III:

Richard-Wagner-Platz (alt) Unter dem Namen **Wilhelmplatz** war dieser Bahnhof Endpunkt der sogenannten Stammstrecke, nachdem man am 14. Mai 1906 die Verlängerung vom Knie (Ernst-Reuter-Platz) über die Bismarck- und Seesenheimer Straße in Betrieb genommen hatte; erst später wurde er zum Appendix der Linie A. Wie am Bahnhof Warschauer Brücke stand ich hier als Kind atemlos und staunend an der Bahnsteigkante und versuchte zu erfassen, wie sich die Gleise plötzlich in einem Sandhaufen verlieren können und ein Prellbock aller Fahrherrlichkeit ein Ende machen kann. Bis hierher und nicht weiter. Wir stiegen ans Tageslicht, und ich marschierte als kleiner Mann tapfer bis zur Ilsenburger Straße, wo Tante Gerda und Onkel Gerhard ihre Neubauwohnung hatten. Neubauwohnung, das klang 1941 wie Villa oder Schloß. Mit Toilette und Bad! Und Tante Gerda duftete immer so schön. Das war das Parfum, das Onkel Gerhard ihr als Soldat aus Paris mitgebracht hatte. Zum letzten Mal war ich im Herbst 1944 in der Ilsenburger Straße. Da hatte gerade eine Bombe die eine Hälfte des Hauses weggesprengt, und wenn Tante Gerda ihre Badezimmertür aufmachte, konnte man die Leute unten auf der Straße sehen.

Bismarckstraße Die Möglichkeit, an diesem Bahnhof (eröffnet am 28. April 1978) zur U 7 zu wechseln, ist so neu, daß sie auf der Festplatte meines Gehirns noch nicht so richtig abgespeichert ist. Weiter. Nein, halt, zu sagen ist noch, daß der heutige Bahnhof Deutsche Oper auch einmal Bismarckstraße hieß, aber das alles bitte ich nachzulesen in der unverzichtbaren Bibel der Berliner U-Bahnhöfe von Jürgen Meyer-Kronthaler.

Sophie-Charlotte-Platz Hier bin ich in meinem Leben nur einmal ausgestiegen, so etwa um 1992 herum, um mit einem amerikanisch-französisch-deutschen Filmteam bei einem Italiener zu speisen. Ich hatte das Drehbuch für einen kleinen Film geschrieben und wollte gern, daß NN (den Namen verschweige ich aus Angst vor einer möglichen einstweiligen Verfügung) die Hauptrolle spielte. Ich fand NN wahnsinnig gut – wie das halt so ist, wenn man jemanden verehrt. Die Diva, ständig über ihre Nichtbeschäftigung in Deutschland klagend und wild auf eine Rolle, kam auf meinen Anruf hin schnell her. Es gab eine heftige Diskussion in vier bis fünf Sprachen, und gegen Mitternacht hatte NN unter Aufbietung all ihres tiefen- und höhenpsychologischen Wissens und so richtig faustisch-deutsch, wie sie es an uns Deutschen so sehr haßt, der Produzentin klargemacht, daß mein Drehbuch und ihre Rolle darin großer Mist wären und man den Film auf keinen Fall realisieren sollte ...

Kaiserdamm Daß aus ihm Adenauerdamm wird, haben die Berliner zu verhindern gewußt. So richtig dankbar sind sie »dem Alten aus Rhöndorf« wegen seiner Verdienste um die Spaltung Deutschlands nie gewesen. Wer – neben den »Soffjets« und den Funktionären in der »Zone« – hatte ihnen denn die goldenen Inselzeiten beschert? Lassen wir das ... Kaiserdamm ist auszusteigen, wenn man zum Busbahnhof will, ohne Gepäck zumindest, zum Funkturm oder zu den Messehallen. Bis zur Eishockeyhalle war es ein bißchen weit zu Fuß, aber die BVG ließ ja – bis zur Wiederinbetriebnahme der S-Bahn Richtung Spandau – immer ihre Sonderbusse anrollen. Als Fan des »Berliner Schlittschuhclubs« der »Preußen«, der »Devils« und der »Capitals« bin ich jahrelang zur früheren Jafféstraße geeilt, um das umzusetzen und auszunutzen, was wir Soziologen den »Ventileffekt« und die funktionalen – gleich positiven – Folgen abweichenden Verhaltens nennen. Was meint das? Daß ich meine aufgestauten Aggressionen durch Schreie abgelassen habe, die mir im Professorenstand eigentlich streng verboten sind. Beispielsweise: »Macht sie alle, schießt sie aus der Halle«, wenn die Krefelder oder Düsseldorfer in Berlin antraten. Das ist streng genommen die Aufforderung zu einer Straftat, verstößt aber auf alle Fälle gegen das Gebot von Fair Play und Gastfreundschaft. Noch schlimmer war es mit O'Brien, einem Kanadier in den Diensten Kassels, der ein ziemliches Rauhbein war. Hatte er einen Berliner gefoult, schrie ich mit im Chor: »O'Brien, du Schwein! O'Brien, du Schwein!« Ganz übel in Zeiten der Political Correctness, des multikulturellen Jubels und meiner unwürdig! Hinterher aber war ich wieder ein überaus friedlicher Mensch und ganz lieb zu den O'Briens in unserer Stadt. Da ich von Eishockey eine ganze Menge zu verstehen glaube, habe ich auch einen Kurzkrimi über den Konflikt zwischen den »Eisbären« und den »Devils« geschrieben, in dem es unter anderem heißt:

Der Bürgerkrieg fand auf dem Eise statt und wurde ausgetragen nach den Regeln der DEL. In der Eissporthalle in der Jafféstraße bekämpften sich der BSC Preußen (West) und der EHC Eisbären (Ost) ... (S. 7)

Auch ein »Tatort« sollte daraus werden, doch der SFB hat mein Drehbuch in den Papierkorb geworfen. »Feuer für den Großen Drachen« ist hingegen nach vielen Drehbuchbesprechungen entstanden, ebenso wie die Filme zu den Vorabendserien über Wirtschaftskriminalität (»Kommissariat K 9«) und Wirtschaftsspionage (»Detektivbüro Roth«). Und da bin ich natürlich mit der U-Bahn angereist. Es gibt aber noch einen Grund, Kaiserdamm auszusteigen: Das Modellbahngeschäft ein paar Schritte weiter, an dessen Schaufensterscheibe ich mir immer, bevor es an die Arbeit geht, die Nase platt drücke.

Theodor-Heuss-Platz Im Gegensatz zu Ernst Reuter verehre ich Theodor Heuss keineswegs, schließlich war er einer derer, die im Reichstag für Hitlers Ermächtigungsgesetze gestimmt haben. Und für mich ist es schon von einer sehr makaberen Logik, daß Platz wie U-Bahnstation vor ihm den Namen »des Führers« getragen haben. Folglich fahre ich heute nie zum Theodor-Heuss-, sondern immer nur zum Reichskanzlerplatz.

Reichskanzlerplatz Bei der Eröffnung des Bahnhofs am 29. März 1908 hieß der Reichskanzler, dies zur Erinnerung, nicht ... Bismarck, nein, sondern Fürst Bernhard v. Bülow. Der Bahnhof ist insofern ein Kuriosum, als man – mit langen Ampelwartezeiten – oben über die Straße gehen muß, will man von einem Richtungs- beziehungsweise Seitenbahnsteig zum anderen.

Neu-Westend Hier bin ich immer ein- und ausgestiegen, als wir in meinem ersten Leben in einer kleinen Wohnung in der Bayernallee wohnten. Von 1969 bis 1970 muß das gewesen sein. Es war ein Dachgeschoß, das man im Krieg mit schlechten Materialien ausgebaut hatte, und als wir im Januar bei hohen Minusgraden von einem Grunewaldspaziergang zurückkehrten, sahen wir einen Feuerwehrmann auf seiner ausgefahrenen Leiter gerade zu unserem Mansardenfenster hochklettern. Unsere Schreie kamen zu spät ... die Axt sauste schon in die Fensterscheibe. Rauch und Flammen waren nicht zu sehen, das war es nicht. Was dann? Ganz einfach: Eines der schlecht isolierten Heizungsrohre war erst zugefroren und dann geplatzt und hatte die Wohnung der Leute unter uns gehörig unter Wasser gesetzt. Nachts – 18 Grad, keine Heizung und vor dem Fenster nur Pappe und eine kleine Decke. Das härtet ab.

Olympia-Stadion (Ost) mit einem Kleinprofilzug aus der Serie A 3 L92 (Baujahr 1993) im April 1994.

Olympia-Stadion (Ost) Ich stutze beim Betrachten der Netzspinne. Wieso Ost ...? Jahrelang war es eine Kultstätte der West-Berliner ... und ist nun in den Osten verpflanzt worden? Wie das? Haben sie es im Westen abgerissen und im Osten wiederaufgebaut ...? Auch Jan Gympel fragt sich das im *Tagesspiegel* vom 17. Januar 1998:

Gab es denn plötzlich auch ein Olympia-Stadion im Osten, in Marzahn etwa oder wenigstens in Prenzlauer Berg, das zwar nicht geographisch, aber politisch in dieser Himmelsrichtung liegt?

Desgleichen reflektiert er darüber, warum die U-Bahn Olympia-Stadion, die S-Bahn aber Olympiastadion heißt.

Zwischen 1980 und Januar 1998 gab es keine Möglichkeit, mit der S-Bahn ins Olympiastadion zu fahren, so war man auf die Ölsardinenzüge der U-Bahn angewiesen. Die alten U-Bahnbauer müssen damals schon gewußt haben, wie wichtig der intensive Körperkontakt für die Entwicklung eines Menschen ist, sonst hätten sie sich nicht für das Kleinprofil entschieden. Nur so kommt Stimmung auf. So richtig spannend wurde und wird es aber erst auf dem Bahnhof selber, wenn alle durch nur einen Ausgang Richtung Stadion strömen. Der erste Wellenbrecher sind die »Wannen« im Empfangsgebäude oben, und man mußte als Kind sehr aufpassen, nicht erdrückt zu werden. Dann kommt der allseits gefürchtete Flaschenhals: der Tunnel unter der Rominter Allee. Die ersten Programmverkäufer sind da und versuchen den Stau zu nutzen. Ist man auch hier noch nicht in

Panik geraten oder zerquetscht worden, kann man bis zum Stadioneingang eigentlich aufatmen. Im Hohlweg geht es zum Olympischen Platz hinauf. Stände und Buden locken, so man Hunger hat und durstig ist. Als Junge hatte ich nie genug Geld für Eis, saure Gurken und Bratwürste, jetzt halten mich meine Gallensteine davon ab, all das in mich hineinzustopfen, was ich gerne möchte. Nach einem Fußballspiel oder dem ISTAF-Abend erlebt man das ganze Geschiebe und Gedrängle auf dem Weg zur U-Bahn zurück und in den Zügen auf dem Heimweg noch einmal erheblich potenziert. »Aba det jehört ehm dazu.« Und wenn Hertha erst wieder deutscher Meister wird, dann ... Ach ja, die Angst vor den grölenden und besoffenen Fans fährt auch immer mit.

Ruhleben Unvermittelt und völlig unlogisch hört die U-Bahnstrecke plötzlich auf. Und wie immer im Verkehr ist der Interruptus nicht so schön. Daß es nicht, immer dicht an der Charlottenburger Chaussee entlang, weiter bis nach Spandau geht, ist unbegreiflich und schmälert die Lust am innerstädtischen Reisen ganz erheblich. Jene, die diese Nichtverlängerung zu verantworten haben, mögen sich, sofern sie noch am Leben sind, bitte der Reihe nach aufstellen, damit man ihnen in den Hintern treten kann. Mit Ruhleben als Endstation kann man nicht in Ruhe leben. Ansonsten ist es ja bis zum Friedhof nicht weit. Machandel- und Murellenweg, schön hört sich das an. In meiner Charlottenburger Zeit hat hier mein SPD-Abteilungsvorsitzender gewohnt. Als ich da, 1969 muß es gewesen sein, einmal zu Gast war, wollte ein Bankangestellter in die Partei eintreten. »Aber nur, wenn man mich mit Herr ... anredet und nicht mit Genosse.«

Eine **U 3** gibt es im Berliner Netz derzeit nicht, siehe aber im Hinblick auf die gewesene Linie 3 unter U 15.

U 4 Nollendorfplatz – Innsbrucker Platz

Man munkelt immer wieder, daß die Linie 4 aus Kostengründen eingestellt werden soll. Das Gelb, mit der sie auf der Netzspinne markiert ist, läßt sich eh kaum erkennen. Wie lange bleibt die BVG noch stur und läßt die Züge nicht wieder wie früher auf der Relation Innsbrucker Platz – Warschauer Straße (oder wenigstens Kottbusser Tor) verkehren ...? Das wäre die Rettung.

Nollendorfplatz Die zwei bis vier gelben Wägelchen, die hier im allgemeinen pendeln, wirken wie umgespritzte »Ferkeltaxen«, also museumsreife Triebwagen der Bundes- respektive Reichsbahn. Dabei ist hier seit 1981 Hightech im Einsatz: der automatische Betrieb nach dem SELTRAC-System, alles also ohne Fahrer und Bahnhofspersonal. Ein Arbeitsloser soll die Gesellschaft 42 000 Mark per anno kosten, ein Stationsbeamter hätte vielleicht 35 000 Mark erfordert – 7000 Mark mehr für weniger Leistung auszugeben, das nenne ich betriebswirtschaftlich denken. Dafür kann der Mann jetzt allerdings tagsüber zu Hause sitzen, fernsehen und damit die Einschaltquoten erhöhen. So macht das alles Sinn.

Linie U 4 (Nollendorfplatz – Innsbrucker Platz)

Streckendaten (Kleinprofil)	
Linienlänge	2,9 km
Anzahl der Bahnhöfe	5
Fahrzeit	6,0 min
Reisegeschwindigkeit	28,6 km/h
Mittlerer Abstand zwischen den Bahnhöfen	716 m
Eröffnungen	
Nollendorfplatz – Hauptstraße (heute Innsbrucker Platz)	1. 12. 1910
Streckenbeschreibung	
Nollendorfplatz – Innsbrucker Platz (Tunnelstrecke)	

Im Bayerischen Viertel wohnten zur Jahrhundertwende gutsituierte Schöneberger; ihre 1910 eröffnete eigene U-Bahnstrecke (heute Linie U 4) wurde architektonisch angemessen ausgestattet.

Im Sommer 1933 wurde »Hauptstraße« in »Innsbrucker Platz« umbenannt.

Viktoria-Luise-Platz, Bayerischer Platz Ist das noch Berlin? Man fühlt sich wie in einer fremden Stadt, in tiefster Provinz. The time stood still! Ich erinnere mich, daß ich Ende 1945 mit meiner Mutter einmal hier ausgestiegen bin. Sie wollte oben im »Bayerischen Viertel« nach einer alten Bekannten suchen, aber ringsum gab es nur das, was so treffend »Trümmerwüste« heißt, und wir hatten bald jede Orientierung verloren. Es wurde dunkel, und ich hatte Angst, wir müßten im Keller eines zerbombten Hauses übernachten. Mein Vater war noch in sowjetischer Kriegsgefangenschaft, und tags zuvor hatte Tante Claire erzählt, daß immer wieder Menschen weggefangen und geschlachtet würden. »Mein Braten vom schwarzen Markt, der hat neulich auch so süßlich geschmeckt ...«

Rathaus Schöneberg Nanu, plötzlich hat der U-Bahntunnel Fenster und man kann in den Park hinaussehen, den Volkspark, der offiziell Rudolph-Wilde-Park heißt. Wer immer der wilde Rudolph gewesen ist – ich will es nicht wissen, Sie wollen es nicht wissen, also schlage ich nicht nach. Seit meiner Zeit als Fußballer beim 1. FC Neukölln weiß ich, daß das Nachschlagen eines der übelsten Fouls ist, heute wird es zu Recht mit der roten Karte geahndet. Erlaubt ist höchstens, Shakespeare zu foulen, denn wie haben die legendären Wolfgangs – Neuss und Müller – immer gesungen: »Schlag nach bei Shakespeare.« Enten schwimmen auf dem kleinen Teich, ich sehe mich kinderwagenschiebend herankommen. Und stoppe mit dem Kinderwagen, um mich im Zug sitzen zu sehen. Wir winken uns zu.

Innsbrucker Platz Hier ist schon Endstation und man kann in die S-Bahnlinien 4, 45 und 46 wechseln. Nur wenige tun es. Wie wäre es, wenn man die U 4 als Museumsbahn mit alten A 1- und A 2-Zügen fahren ließe ...?

Wie sagte mein Vater immer: »Daß sie das nicht tun werden, darauf kannst du beruhigt einen fahren lassen.« Der Bahnhof ist leer genug dazu.

U 5 Alexanderplatz – Hönow

Im Bewußtsein des Neuköllner und West-Berliner Jungen hat es diese Linie, vormals E, recht eigentlich gar nicht gegeben, zumal zu dieser Zeit keine Freunde und Verwandten in ihrem Einzugsbereich wohnten. So hatte sie für mich immer etwas Exotisches. Nur einmal bin ich mit meinem Vater vor 1945 hier unterwegs gewesen, wir fuhren zu einem seiner Kollegen, wie ich mich erinnere. Die hohen Bahnsteighallen fand ich bedrohlich, und gemessen an dem niedrigen Gewölbe meines »Heimatbahnhofs« Rathaus Neukölln sehr befremdlich. Im Kopf habe ich auch noch die großen Uhren an den Bahnsteigen, die anzeigten, wie lange noch zu warten war, bis der nächste Zug einlief. Die Kleinprofilwagen mit den »Blumenbrettern«, die hier nach dem Krieg fuhren, habe ich nie selbst gesehen, was ich als einen erheblichen Mangel meines langen Lebens empfinde. Heute nun sitze ich mehrmals im Monat auf der Linie 5 in den Wagen, mit denen ich zu Mauerzeiten auf der West-Berliner Linie 8 unterwegs war. Komisch alles. »Ihre Fahrausweise, bitte ...!« Eine Kontrolleurin steht vor mir, deutlich sächselnd, eine Frau vom Typ der Angestellten, die die West-Berliner beim DDR-Zoll jahrzehntelang genervt, schikaniert und geängstigt haben. Ob sie hier einen neuen Arbeitsplatz gefunden hat ...? Diese verdammten Fahrscheinkontrollen! Ich hasse sie. Nie im Leben würde ich schwarzfahren, dazu bin ich zu wertkonservativ; immer kaufe ich mir die neue Umweltkarte schon zehn Tage vor dem Monatsende, und dennoch sitze ich beklommen da, wenn die Kontrolleure kommen. Die Angst, doch einmal beim Wechsel von Jacke und Weste ... Wie ein Schwerverbrecher komme ich mir vor. Gleich werden sie mich festnehmen und abführen. Die Würde des Menschen H. B., mir vom Grundgesetz hoch und heilig garantiert, wird durch diese Kontrolleure ein wenig verletzt. Davon einmal abgesehen, sie stören mich ständig: beim Lesen, beim Arbeiten, beim Dösen, beim Plaudern und beim Schlafen im Zug. Das ist Anti-Kundenservice hoch drei. Schön, »diese Menschen tun doch auch nur ihre Pflicht« (eines der schrecklichsten Argumente in Deutschland) und man schafft dadurch Arbeitsplätze (was man kaum widerlegen kann). Den Nulltarif für alle öffentlichen Verkehrsmittel darf man schon gar nicht mehr fordern, ohne vom Großen Lauschangriff erfaßt zu werden, bleibt mir also nur der pragmatische Vorschlag, daß BVG (und S-Bahn Berlin GmbH) ab 1. Januar 2000 bitte nur noch diejenigen Fahrgäste kontrollieren mögen, die keinen gültigen Fahrausweis bei sich haben.

Im Zug klebt an den Türen die Warnung »Achtung Taschendiebe«. Ein organgefarbenes Vorhängeschloß verschließt eine blaue Tasche. Ich bin leicht verunsichert, obwohl ich keine blaue, sondern nur eine schwarze Tasche habe. Der Perlschnur-Linienplan

Linie U 5 (Alexanderplatz – Hönow)

Streckendaten (Großprofil)	
Linienlänge	18,4 km
Anzahl der Bahnhöfe	20
Fahrzeit	36,5 min
Reisegeschwindigkeit	30,2 km/h
Mittlerer Abstand zwischen den Bahnhöfen	966 m
Eröffnungen	
Alexanderplatz – Friedrichsfelde	21. 12. 1930
Friedrichsfelde – Tierpark	25. 6. 1973
Tierpark – Elsterwerdaer Platz	1. 7. 1988
Elsterwerdaer Platz – Hönow	1. 7. 1989

Streckenbeschreibung
Alexanderplatz – Tierpark (Tunnelstrecke)
Tierpark – Biesdorf-Süd (Tunnelstrecke, Rampe, Strecke im Niveau)
Biesdorf-Süd – Wuhletal (Dammstrecke)
Wuhletal – Kaulsdorf-Nord (Tunnelstrecke)
Kaulsdorf-Nord – Hönow (abwechselnd Einschnittbahn und Strecke im Niveau)

oben an der Decke ist braun, und ich frage mich, ob er vom FC St. Pauli aus Hamburg gesponsert worden ist, die haben nämlich Hosen und Jerseys von ähnlich brauner Farbe. Der Mut zur braunen Farbe ist bemerkenswert.

Alexanderplatz Irgendwie muß ich mir im Labyrinth dieses Bahnhofs als Kind einen traumatischen Schaden geholt haben, denn viele meiner auf die U-Bahn bezogenen Alpträume (siehe oben) spielen in dieser Szenerie. Ein Labyrinth, ich verlaufe mich, stehe plötzlich mitten unter der Erde auf einer Brücke, blicke auf braungrau schmutzige Wagendächer hinab und drohe auf oder vor einfahrende Züge zu fallen. Immer neue Treppen gehen immer tiefer hinab. Wo geht es zur U 2, zur U 5, zur U 8? Hier nur ankommende Züge. Wo gehen sie ab? Hönow höhnt es mir entgegen. Aber der Zug dort auf dem Hönow-Bahnsteig ist dunkel und nur abgestellt. Der andere Bahnsteig also. Da steht ein Zug. Wo ist sein Ende, wo sein Anfang. Ich gerate in Panik, fast so wie ein Pilot im Landeanflug, weil ich nicht mehr weiß, wo über mir Norden und wo Süden ist. Wo steht der Fernsehturm, wo das Rathaus?

Wenn ich von Frohnau zu meiner Fachhochschule nach Friedrichsfelde fahre, nehme ich, wenn es unter fünf Grad minus ist, Glatteis und/oder hoher Schnee liegt, lieber die U- als die S-Bahn, und auch, wenn diese mit Pendelei und Schienenersatzverkehr wieder einmal die Kunden nervt. Endlich sitze ich im Zug und lese. Irgendwie fühle ich mich auf der U 5 immer noch fremd, obwohl ja jetzt die alten West-Berliner U-Bahnwagen und nicht mehr die umgebauten S-Bahnzüge im Einsatz sind.

Den aktuellen Namen dieses Bahnhofs entnehme man bitte der aktuellen Tageszeitung (Aufnahme vom 9. Juli 1996).

Bei den nächsten Bahnhöfen – **Schillingstraße, Strausberger Platz, Weberwiese, Frankfurter Tor** (oder wie immer er gerade heißt: Petersburger Straße oder Rathaus Friedrichshain), **Samariterstraße** (hier steht am Kiosk tatsächlich »Reisebedarf«), **Frankfurter Allee** und **Magdalenenstraße** – habe ich das Gefühl, irgendwo in einer anderen Stadt in der U-Bahn zu sitzen, in Hamburg, München, Nürnberg oder Wien. Halt, zu DDR-Zeiten, als meine Cousine Christine mit ihrer Familie noch in der Straße der Pariser Kommune gewohnt hat, sind wir öfter **Marchlewskistraße** ein- und ausgestiegen. Gibt es nicht mehr. Wie mag das heute heißen? Ich denke eine Weile nach und entscheide mich schließlich für **Weberwiese**. Bingo.

Eine meiner Studentinnen steigt ein und berichtet mir, daß die Ausbildungsbehörden darauf drängen, den Anteil an Soziologie im Beamtenstudium um 15 Prozent zu senken. »Warum denn das?« – »Weil wir in Soziologie so gute Noten haben, also quasi alles können.« – »Dann sollte die Lufthansa auch mal die Ausbildung ihrer Piloten verschlechtern und verkürzen, weil die ja seit langem keinen Crash mehr gehabt haben.« In den Stationen Magdalenen- und Samariterstraße gibt es an den Wänden statt der Werbung Kunst. Da kunnste mal sehen, wat so allet möglich is. In den Kommandozentralen sieht man orangefarbene Sanitätskästen und an den Türen ein weißes Kreuz auf gelbem Grund. Wenn das man nichts zu bedeuten hat. »Ab jetzt endet der Service nicht mehr an der Bahnsteigkante«, lese ich immer wieder.

Auch: »Gefundene Gegenstände (dies in Rot) sind an das Zug- und Bahnhofspersonal abzugeben. Vordrucke für Verlustanzeigen auf allen Bahnhöfen.« Wenn ich nun den Glauben an das Gute im Menschen verloren habe, macht das Sinn, wenn ich da eine Verlustanzeige abgebe …?

Frankfurter Allee Hier steige ich von der S- in die U-Bahn um, wenn ich mit meiner Tochter zusammen Richtung Friedrichsfelde fahre, da sie meint, das ginge ein paar Minuten schneller. Man muß allerdings erst über die Straße, wenn man die schmal gewordene Passage zwischen dem neuen Ring-Center und der S-Bahntrasse noch so nennen kann. Kleiderhändler versperren einem den Weg, Vietnamesen stehen herum und verkaufen ihre Zigaretten. Wie groß ist die Wahrscheinlichkeit, daß die Bandenmitglieder ausgerechnet dann aufeinander schießen, wenn ich da vorbeigehe?

Noch bis vor kurzem hingen auf fast allen Bahnhöfen der Linie 5 uralte Stationsschilder, offensichtlich gleich nach dem Kriege von einem Schildermalerlehrling angefertigt. Der hatte noch nicht mitgekriegt, daß ein i weniger Platz beansprucht als ein o, folglich für alle Buchstaben dieselben Zentimeter festgelegt. Auch muß er bei von oben nach unten durchgehenden Lettern wie l oder h Spaß an der Reihenfolge »mal gerade, mal schief« gehabt haben. Ende Oktober 1998 finden sich hier erste Versuche, die Berliner U-Bahn auch als Tropfsteinhöhle zu nutzen. Durch die vergammelte Tunneldecke drang reichlich Wasser herein, und damit die sehr verehrten Fahrgäste nicht vom herabfallenden Putz getroffen werden, hat man das Areal mit rot-weißen Flatterbändern abgesperrt.

Lichtenberg Diesen Bahnhof meide ich wie die Skinnerschen Ratten das elektrisch geladene Gitter. Wir haben den 10. November 1994, es ist kurz nach 21 Uhr, und ich komme mit meiner Mutter, die über 84 Jahre alt ist, von Edith S. aus Hellersdorf. Edith ist die Tochter des Bauern, bei dem wir 1944/45 evakuiert waren, und mit ihrem Mann nun nach Berlin gezogen. Wir reden über die alte und teils auch schreckliche Zeit, und meine Mutter ist sehr aufgewühlt, als wir wieder nach Hause fahren. Die ein, zwei Cognac, die sie getrunken hat, mögen dazu beitragen, daß ihr Blutdruck noch höher wird. Ich merke, daß ich sie nach Hause bringen muß. Sie lehnt das ab und will partout mit Bahn und Bus nach Neukölln fahren. Ich dränge sie jedoch, in Lichtenberg auszusteigen. »Da nehmen wir uns 'ne Taxe und sind im Nu bei dir.« In Lichtenberg in die Taxe zu klettern, ist wirklich optimal. Wir steigen also auch aus und machen uns auf den Weg nach oben; es ist um diese Zeit schon sehr leer. Wer zur Fernbahn will, eilt davon. Wir lassen uns Zeit. Meine Mutter geht rechts am Geländer, ich bleibe an ihrer linken Seite, damit sie sich bei mir an Arm und Aktentasche ein wenig festhalten kann. Sie tut es nicht, es ist nur so zur Sicherheit. Seit meiner Rückenoperation trage ich meine Taschen immer rechts an die Hüfte gepreßt. Das soll man so machen, um die Wirbelsäule zu entlasten. Wir sind schon fast oben und plaudern ganz locker über die Johannisbeerernte damals auf der »Plantage« unseres Bauern, da stürzt meine Mutter urplötzlich nach hinten. Sie will sich noch bei mir festhalten, doch ich habe in diesem Augenblick einen so unsicheren Stand, daß sie mich mit nach hinten reißt. Ich lasse meine schwere Aktentasche los und greife mit beiden Händen nach ihr. Ich war ja einmal Fußballtorwart, und meine Reflexe sind noch phantastisch. So bekomme ich sie in der Tat noch zu packen und kann sie eine Minisekunde lang in der Schwebe halten. Dann aber wird ihr Gewicht zu schwer, und sie reißt mich, rückwärts, den Kopf voran in die Tiefe stürzend, mit sich. Die Treppe hat scharfkantige Betonstufen – und wenn ich mit meinen achtzig Kilo auf sie falle, dann … Es gelingt mir irgendwie, mich zur Seite zu werfen und neben ihr auf den Beton zu knallen. Aber ich kann ihren Sturz nicht mehr verhindern, nichts mehr aufhalten, muß, während ich mich hochzurappeln versuche, hilflos mit ansehen, wie sie sich überschlägt, immer weiter hinunterrollt und schließlich unten mit dem Hinterkopf so heftig auf den Boden schlägt, daß sie leblos liegenbleibt. *Sie ist tot. Mutti ist tot.* Ich fühle in diesem Moment nichts, stehe nur da wie gelähmt. Niemand ist da, der den Unfall beobachtet hat. Nun springe ich hinunter zu ihr. Ihr Kopf liegt in einer Blutlache. *Meine Mutter liegt tot vor mir, vor meinen Füßen.* So muß es gewesen sein, als Tante Lolo, ihre Cousine, im Frohnauer Haus mit Tante Claire, ihrer Mutter, die Treppe hinuntergefallen ist. Die Kripo war da, die Beerdigung Tage später. Ein Fluch scheint auf unserer Familie zu liegen. Ich beuge mich hinunter. »Mutti, bitte …« Da schlägt sie die Augen auf. Ich habe keine Ahnung von Erster Hilfe, vielleicht ist es falsch, aber ich ziehe sie hoch zu mir und nehme sie in die Arme, wie ein Kind. Sie kann noch sprechen. »Wie ist das bloß passiert? Mir ist plötzlich schwarz vor Augen geworden und dann … Meine Kappe hat mir das Leben gerettet.« Es ist eine Art Baskenmütze aus dickem rotem, filzartigem Stoff. Ich schleppe und schleife sie zum Geländer, damit sie sich anlehnen kann. Dann schreie ich um Hilfe und laufe auf den Bahnsteig, um jemanden von der BVG zu suchen. Die Stationsvorsteherin kommt, ein Serviceteam. Sieben Minuten dauert es, dann ist die Feuerwehr da. Schnell sind wir im nahen Oskar-Ziethen-Krankenhaus. Sie wird geröntgt. »Nichts weiter, nur eine leichte Gehirnerschütterung.« Ein Krankenwagen bringt uns in ihre Wohnung. Ich schlafe die Nacht nebenan auf der Couch, halte Wache, doch wir müssen keinen Notarzt mehr holen, alles ist okay.

Friedrichsfelde Aussteigen zur FHVR, der Fachhochschule für Verwaltung und Rechtspflege. Der Bahnhof sieht aus, als sei der Krieg gestern erst zu Ende gegangen. Überall ist Wasser durchgesickert, die Farbe bröckelt von der Decke, die Eisenträger rosten vor sich hin, die Kacheln segnen nach und nach das Zeitliche und sind teilweise durch eingefärbten Putz ersetzt. Slawistik-Studenten der Humboldt-Universität haben ja neulich (Ende 1997) an Boris Jelzin geschrieben, daß ihre Fachbibliothek so schlecht bestückt sei … und prompt eine Bücherspende erhalten. Vielleicht richtet die BVG einmal ein Bittschreiben an die Moskauer Metro …

In den BVB 12/93 finde ich einen Anzeigentext der BVG mit der fett gedruckten Überschrift »Manche Berliner kommen gut an«. Im Text heißt es dann, der BVG sei es wichtig, *daß sich unsere Fahrgäste bei uns wohl fühlen. Modernste Technik, Sicherheit, Sauberkeit und die Gestaltung unserer Gebäude und Anlagen tragen dazu bei. Unser Ziel ist ein lebenswertes Berlin.* Abgebildet ist als vorbildlicher Bahnhof Paulsternstraße. Wie aber nun, wenn sich einer wie ich Friedrichsfelde wohler fühlt als Paulsternstraße, weil »das seine Welt ist und sonst gar nichts«? »BVG. Gut für Sie. Und Berlin«, steht am Schluß besagter Anzeige.

Die Neonröhren hängen nackt an der Decke. Zwei Frauen rauchen auf einer arg zerkratzten braunen Bank. Das Rauchverbot amüsiert sie. Verläßt man den Bahnhof in Fahrtrichtung, kommt man an einem Zeitungskiosk vorbei, der das *Neue Deutschland* im Ständer noch immer ganz oben plaziert hat, um dann zehn Minuten die Alfred-Kowalke-Straße ostwärts zu gehen, was bei eisigem Wind Polarforscherglück aufkommen läßt. Wegen fehlender »Fußgängerfurten« kann die Straße Am Tierpark, die einer Autobahn gleicht, nur mühsam überwunden werden. Kostenlos sind dann ein paar Mufflons, oder wie immer sie heißen, in ihren Freigehegen zu bewundern.

Tierpark Hier bin ich in zu DDR-Zeiten nur einmal ein- und ausgestiegen, und zwar mit einem Passier-

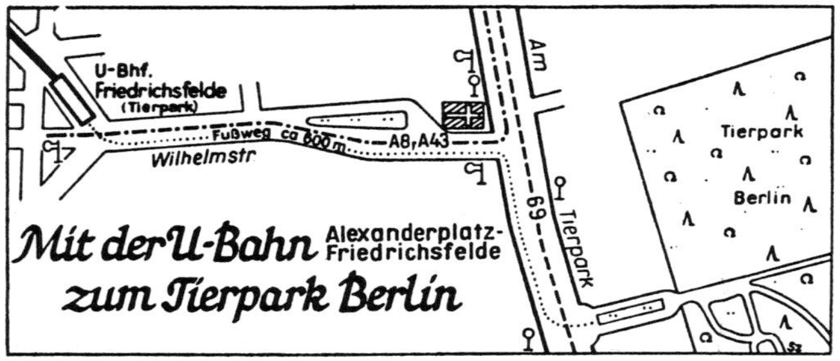

Damit die Besucher den Tierpark auch finden, war Mitte der sechziger Jahre dieser Lageplan in den Fahrplanheften der BVG-Ost abgedruckt.

schein in der Tasche, um mit meiner Ost-Berliner Cousine Christine und ihrer Familie in den Friedrichsfelder Konkurrenz-Zoo zu gehen. Das wird wohl noch bis weit ins nächste Jahrtausend so bleiben: Die West-Berliner gehen in den Zoo, die Ost-Berliner in den Tierpark. Im »Gewässerviertel« ganz in der Nähe (Schwarzmeer-, Baikal-, Balaton-, Dolgensee-, Michigansee- und Moldaustraße) wohnt der Schriftstellerkollege Jan Eik, bis vor kurzen Chefredakteur des *Secret Service*, und wenn ich nach einem Besuch bei ihm heimwärts strebe, steige ich Tierpark in die U-Bahn. Zuletzt haben wir gemeinsam das auch bei Jaron erschienene »Berlin-Lexikon« bekakelt. Bei der CRIMINALE 1997 in Jever, dem Jahrestreffen des SYNDIKATS, in dem sich fast alle deutschsprachigen Spannungsschreiber/innen vereinigt haben, übernachten Eik und ich mit einigen anderen von uns in einer abgelegenen Pension am Rande Jevers. Im Auto, das Eik gerade aus der Werkstatt geholt hat, erzähle ich ihm, daß es in der Nähe unserer Pension von Mardern nur so wimmelt. Er hat nun Angst um seine Kabel und Schläuche und fragt mich, der ich neben ihm sitze, was man dagegen tun könne. »Naphtalin soll helfen, also das gute alte Mottenpulver, dann auch Hochfrequenzsender, Hundehaare, Hundekot ...« – »Hab' ich alles nicht bei mir.« – »Manche sagen auch: Menschenurin. Ich hab' mal bei mir 'ne Schale voll auf'n Dachboden gestellt.« – »Und ... hat es geholfen?« – »Ja ...« Das hätte ich nicht sagen sollen, denn kaum sind wir auf unserem Parkplatz angekommen, pinkelt Eik gegen seine Autoreifen. Sein Blasenvorrat reicht sogar für alle vier, denn Jever ist ja bekannt für sein vortreffliches Bier.

Biesdorf-Süd und **Elsterwerdaer Platz** lösen bei mir keinerlei Erinnerungen aus, abgesehen davon, daß der Name des zweiten Bahnhofs befremdlich aussieht, da im Deutschen a und e hintereinander nun einmal ä ergeben, und das ein klein wenig zungenbrecherisch ist.

Wuhletal Dieser U-Bahnhof nun ist der absolute Hit für alle S- und U-Bahn-Narren, denn er ist der einzige im Berliner Netz, wo die Züge beider Systeme am selben Bahnsteig halten, man also nur ein paar Meter hinüberhuschen muß, will man umsteigen von der U 5 in die S 5 und umgekehrt. »Unfaßbar für uns alle«, um es einmal mit einem meiner Krimititel auf den Punkt zu bringen.

Am Eröffnungstag (1. Juli 1989) rollen S-Bahnwagen in den Bahnhof Wuhletal. Die auf den mittleren beiden Gleisen verkehrenden Fahrzeuge waren allerdings aus S-Bahnwagen umgebaute U-Bahnwagen (Typ E III).

Als ich von der Fachhochschule zu Edith und Herbert nach Hellersdorf fahre (siehe oben), probiere ich es aus, aufgeregt wie der kleine Horst mit 5,7 statt mit coolen 57 Jahren. Ich beschließe, es einmal im Diorama nachzubauen.

Mit **Kaulsdorf-Nord** und **Neue Grottkauer Straße** kann ich nicht viel anfangen und freue mich, daß es schnell weitergeht. Es fällt mir aber ein, daß ich mir gleich nach Fertigstellung der U 5 bis Hönow am 1. Juli 1989 ein Video gekauft habe, um alles vor dem häuslichen Fernseher nachvollziehen zu können.

Cottbusser Platz Wie schön, daß der Bahnhofsname so geschrieben wird wie die Stadt in der Lausitz, also richtig, und nicht so hirnrissig falsch wie beim Kottbusser Tor. Doch so kann man die beiden Stationen

Die in den achtziger Jahren entstandenen Ost-Berliner Neubauviertel in Kaulsdorf und Hellersdorf wurden vorbildlich mit der U-Bahn (sowie mit der Straßenbahn) erschlossen.

wenigstens nicht so leicht miteinander verwechseln, kommt man von Brechhausen an der Runze zum ersten Mal in die Hauptstadt der Deutschen. Am 5. Dezember 1995 bin ich hier ausgestiegen und bei der Suche nach der Buchhandlung, in der ich aus »Brennholz für Kartoffelschalen« lesen sollte, bei hohen Minusgraden und eisigem Wind fast erfroren. Doch das wäre nicht so tragisch gewesen, da sich nur fünf bis sieben Gäste eingefunden hatten.

Hellersdorf Obwohl ich meinen Kriminalkommissar Hans-Jürgen Mannhardt seit dem von mir als ersten veröffentlichten Kriminalroman »Zu einem Mord gehören zwei«, also seit 1971, ständig in mir trage und jederzeit um Rat fragen kann, war es uns beiden nicht möglich, die Wohnung von Edith und Herbert in der Stendaler Straße zu finden, ohne vorher mindestens acht Leute um nähere Informationen gebeten zu haben. 18 Uhr war es erst, aber schon stockfinster. »Keine Ahnung. Gibt es hier nicht.« – »Die Adresse stimmt aber.« – »Rufen Sie doch mal an und lassen sich hinlotsen, wie 'n Pilot im Nebel.« – »Danke. Wo ist denn hier 'ne Telefonzelle?« – »Keine Ahnung, da müssen Sie mal Ihre Bekannten fragen.« Die Hausnummern waren nach irrwitzigen Systemen angebracht, zumeist auch unbeleuchtet, breite Straßen waren nur nach Umwegen von hundert Metern zu überwinden.

Louis-Lewin-Straße läßt mich erschrocken feststellen, daß ich nicht weiß, wer dieses war. »Lewins Mühle« von Johannes Bobrowski kenne ich, aber das wird es nicht sein. Der »Kleine Brockhaus« hilft mir auch nicht weiter.

Hönow Nun bin ich in Hönow. What's now? Ich bin in einer Stimmung, die mich an einen Dialog mit meinem Sohn Sascha denken läßt. Frage beim Nachhausekommen: »Du, hat ein Herr Jagsthausen

Der Endbahnhof Hönow liegt an der Berliner Stadtgrenze. Wer die Station verläßt, steht mit seinem ersten Schritt auf die Mahlsdorfer Straße bereits im Land Brandenburg.

Die »Tunneleule« verläßt 1958 ihr unterirdisches Reich; hier fährt sie auf einem Damm nach Tegel (Rampe zwischen der unterirdischen Station Borsigwerke und dem Dammbahnhof Holzhauser Straße).

angerufen und mich grüßen lassen?« – »Nein.« – »Kein Wunder: Ich kenne gar keinen Herrn Jagsthausen.« Das Dorf Hönow liegt schon im Brandenburgischen, gesäumt von einer Seenkette. Hier müßte man mal wandern. Auf dem anderen Gleis steht der Zug zurück zum Alexanderplatz. Ich steige ein und sehe einen Mann, der meinem 1968 verstorbenen Vater ein wenig ähnlich sieht. Sofort habe ich die Stimme meines Vaters im Ohr. »Du, Vati, ich hab' Langeweile ... Was soll ich'n machen?« – »Zieh deine Sachen aus, leg sie auf die Straße und paß auf, daß sie dir keiner klaut.« Das kann man machen, man kann aber auch mit der U-Bahn nach Hönow fahren.

U 6 Alt-Tegel – Alt-Mariendorf

In meiner Erinnerung ist und bleibt das die alte Linie C, lila in den Streckenplänen, zwischen Grenzallee und Seestraße beziehungsweise später auch Kurt-Schumacher-Platz. 1957 noch war das die C I, während die C II von Mehringdamm nach Tempelhof (Südring) ging. Sie ist auch die Heimatstrecke meiner geliebten Tunneleule, also für mich die U-Bahnlinie in Berlin schlechthin. Unvergessen sind auch die 28 Jahre, in denen es – mit Ausnahme von Friedrichstraße – zwischen Kochstraße und Reinickendorfer Straße nur Geisterbahnhöfe gab. Starten wir da, wo ich in meiner Kindheit und Jugend, wenn es nach Tegel zu Tante Martha und Onkel Erich oder in die Hatzfeldallee zum Wettkampf ging, nur mit der Straßenbahn hinkam ...

Alt-Tegel Hier steige ich des öfteren um, wenn ich mit dem 125er Bus aus Frohnau ankomme, habe das auch schon getan, als der Bus noch die Nummer 15 trug und die Station schlicht und einfach **Tegel** hieß. Als der S-Bahnhof wieder eröffnet wurde, ist sie, weil

Nicht nur Kriminalkommissar Mannhardt lebt in Tegel, auch der Koautor dieses Buches hat sich dort niedergelassen. Das Bild zeigt einen der Ausgänge am Schloßplatz im Sommer 1982.

Linie U 6 (Alt-Tegel – Alt-Mariendorf)

Streckendaten (Großprofil)

Linienlänge	19,9 km
Anzahl der Bahnhöfe	29
Fahrzeit	39,5 min
Reisegeschwindigkeit	30,2 km/h
Mittlerer Abstand zwischen den Bahnhöfen	710 m

Eröffnungen

Tegel (heute Alt-Tegel) – Kurt-Schumacher-Platz	31. 5. 1958
Kurt-Schumacher-Platz – Seestraße	3. 5. 1956
Seestraße – Stettiner Bahnhof (heute Zinnowitzer Straße)	8. 3. 1923
Stettiner Bahnhof – Hallesches Tor	30. 1. 1923
Hallesches Tor – Belle-Alliance-Straße (heute Mehringdamm)	19. 4. 1924
Belle-Alliance-Straße – Kreuzberg (heute Platz der Luftbrücke)	14. 2. 1926
Kreuzberg – Flughafen (heute Paradestraße)	10. 9. 1927
Flughafen – Tempelhof	22. 12. 1929
Tempelhof – Alt-Mariendorf	28. 2. 1966

Streckenbeschreibung

Alt-Tegel – Borsigwerke (Tunnelstrecke)
Borsigwerke – Holzhauser Straße (Tunnelstrecke, Rampe, Dammstrecke)
Holzhauser Straße – Scharnweberstraße (Dammstrecke)
Scharnweberstraße – Kurt-Schumacher-Platz (Dammstrecke, Rampe, Tunnelstrecke)
Kurt-Schumacher-Platz – Alt-Mariendorf (Tunnelstrecke)

die beiden einige hundert Meter voneinander entfernt sind, zusätzlich Alt geworden. Hier in der Nähe wohnen Petra und Helmut, deren Sohn Moritz uns immer wieder entzückt. Sein Ausruf »Kacka-Besen-Dampf«, als er Augenzeuge war, wie ein BSR-Mitarbeiter frische Pferdeäppel beseitigte, ist in unseren Sprachschatz übergegangen. Früher, als ich noch in Neukölln wohnte, war das meine Umsteigestation, um zu Curt und Bärbel nach Hermsdorf zu kommen. Da auch mein Kriminalkommissar Hans-Jürgen Mannhardt in Tegel wohnhaft ist (»Besser wohnhaft als Einzelhaft«, würde er sagen), kommen Tegel und seine U-Bahn öfter in meinen Romanen vor, so auch in »Ein Mann fürs Grobe«, wo Mannhardt den mutmaßlichen Mörder eines mutmaßlichen Taxifahrers jagt und mit dem Zug von Alt-Tegel bis Borsigwerke fährt:

Da stand er an der Tür, beide Griffe in der Hand, und wartete darauf, auf der nächsten Station davonspritzen zu können. Mannhardt überlegte einen Augenblick, ob es Sinn machte, die Notbremse zu ziehen. Nein, denn die neuen Sicherheitsvorschriften ließen es nicht mehr zu, den Zug im Tunnel halten zu lassen, sondern erst auf der nächsten Station. (S. 146)

Woher der Kripomann solch Wissen nur hat? Was neu ist an Alt-Tegel, sind die Sechs-Wagen-Züge, die jetzt auch auf dieser Linie eingesetzt werden können, da die ehemals zu kurzen Bahnsteige im Mittelteil der U 6 verlängert worden sind.

Zu meinem Entsetzen sind im Herbst 1998 die alten Fahrkartenschalter verschwunden. Sie hatten so schön stabile metallene Rollos, als würden sich dahinter die Schätze von Fort Knox verbergen, und stand man in der Schlange, wurde man wohltuend von frischer Zug-Luft umfächelt. Der Fahrausweisausgabebeamte hinter dem Schalter war stets unmutig, a. generell wegen der Störung seiner innerdienstlichen Kontemplation und b. wegen meiner immer irgendwie unvollständigen Angaben zu dem gewünschten Ticket. Aber das eben war ein integraler Bestandteil des echten Fahrgastgefühls. Wenn nun heute am Ort dieser altehrwürdigen Schalter ein »Shop« zu finden ist, dann kann ich nur aufschreien: »Mein Gott, ich will meine Umweltkarte AB zu 99 Mark und keine Schokoriegel und kein Überraschungsei!«

Borsigwerke Hier zeigte sich lange Jahre die ganze Improvisationskunst der bettelarm gewordenen Berliner: Da, wo die alten gelben Kacheln von der Wand gefallen waren, hatte man sie nicht wieder angeklebt, sondern lediglich die Betonwand gelb gestrichen. Inzwischen aber hat die BVG ihren Nachhilfekurs in Philosophie – »Alles fließt« (Heraklit) – erfolgreich absolviert, und seit November 1998 ist der Bahnhof neu gefliest. Die Firma Borsig gibt es hier schon lange nicht mehr, und was soll da noch die alte Berliner Arbeitnehmerweisheit »Wer noch nicht war bei AEG, bei Siemens und bei Borsig, der hat das ganze Elend noch vor sich«. Die kulturelle Verarmung der Stadt schreitet weiter voran. Wir fahren auf einer Rampe ins Freie. Der Zug kommt aus dem Tunnelmund. Gleitet er hinein und gleitet er hinaus, so hat das für manche Zeitgenossen etwas Erotisches, andere erinnert es an ihre Geburt (siehe ganz oben). Ich weiß nicht so recht …

Holzhauser Straße Aussteigen zur Justizvollzugsanstalt (JVA) Tegel in der Seidelstraße. Wenn ich im Hörsaal und anderswo sage »Ich war selber schon öfter im Knast«, dann glaubt mir das kaum einer. Stimmt aber, denn immer wieder besuche ich mit den Studenten meines Kurses »Kriminalität und ihre Ursachen« das Tegeler Gefängnis, obwohl das derzeit wegen diverser Ängste – vor allem vor AIDS-verseuchten Spritzen, die wie Geschosse heranfliegen könnten, und vor einer möglichen Geiselnahme – nicht mehr so einfach ist. Ende der siebziger Jahre haben wir ganze Tage in Tegel verbracht, um deutsche und ausländische Gefangene für eine vergleichende Studie zu interviewen. Man sitzt in der Zelle, starrt auf die Hände eines Mörders, fragt »Wie zufrieden sind Sie mit der Gefängniskost?« und bekommt einen selbstgemachten Schnaps gereicht. Wenn da nun K. o.-Tropfen drin sind … und der sich deine Sachen anzieht, und du dann … Aus diesen meinen Ängsten habe ich den Roman »Ich lege Rosen auf mein Grab« gemacht.

Der Dammbahnhof Seidelstraße im Sommer 1982, umgeben von vielen Schrebergärten.

Von den Bahnhöfen **Seidelstraße** und **Scharnweberstraße** ist nichts weiter zu berichten, als daß man auf diesem Streckenabschnitt der U 6 einen schönen Ausblick auf den Flughafen Tegel hat. Ich freue mich immer, daß ich in der U-Bahn sitze und nicht im Flugzeug. Schön, man bekommt nichts zu essen und zu trinken und kann sich auch nicht am Anblick attraktiver Stewardessen erfreuen, dafür aber gibt es auch keine Clear-Air-Turbulenzen und ein Absturz beim Landeanflug ist eher unwahrscheinlich. Zumal es jetzt wieder in den Tunnel geht.

Kurt-Schumacher-Platz Hier steige ich nicht gerne aus, denn wenn, dann geht es immer zum Röntgen. Meine sieben Gallensteine sollten eigentlich längst herausoperiert werden, doch ich möchte, wenn es ans Organspenden geht, auch den Zweitbesitzer meiner Galle zum steinreichen Manne machen.

Afrikanische Straße Das erinnert mich an mein »Sanella«-Album Afrika, einen Schatz aus frohen Kindertagen. Für eine Pfanne Bratkartoffeln habe ich einen halben Würfel Margarine genommen, um nur ja schnell wieder in den Laden laufen und neue »Sanella« kaufen zu können, denn nur so war an weitere Bilder zu kommen … Und sei es, um sie am nächsten Tag in der Schule zu tauschen.

Rehberge Die zweitbesten Freunde meiner Eltern wohnten in den Rehbergen, und im dortigen Stadion habe ich am 7. Mai 1955 den 100-Meter-Lauf der

A-Jugend in sagenhaften 12,3 Sekunden gewonnen. Später hat mein Sohn hier seine Wettkämpfe bestritten, insbesondere im Hochsprung. »Horstie, kommst du bitte nicht mehr mit …« – »Wieso?« – »Wenn du mir deine Ratschläge gibst, dann reiße ich garantiert die Anfangshöhe.« Das war zu der Zeit, als man sagte, auch Ratschläge seien Schläge.

Seestraße Wenn ich an die Tunneleule denke, habe ich sie nur mit dem Schild Seestraße »vorne dranne« in Erinnerung, denn von meinen ersten U-Bahn-Erinnerungen zu Beginn der vierziger Jahre bis zum 3. Mai 1956 war dies ja die Endstation der Linie C, meiner Heimatlinie (siehe Rathaus Neukölln, 15 Stationen »weiter unten«). Heutzutage ist sie von dort aus allerdings nur mit Umsteigen am Mehringdamm zu erreichen, denn der alte Stammabschnitt der Linie C zur Grenzallee ist nun Bestandteil der Linie 7. In den sechziger Jahren war ich »Finanzminister« der GSG, der Gewerkschaftlichen Studenten-Gemeinschaft, und hatte jeden 17. Juni auf dem Friedhof Seestraße zum »Kranzabwurf« aufzukreuzen, das heißt zur feierlichen Kranzniederlegung zum Gedenken an die Opfer des Volksaufstandes. Ärgerlich wäre es gewesen, wenn mich diese Pflicht daran gehindert hätte, den »Bundesbadetag« zu nutzen und nach Schmöckwitz »rauszufahren«, um dort mein Faltboot zu satteln. Aber dank der Mauer war ja mein Paradies eh nicht erreichbar. Da sage noch einer, diese hätte keine positiven Aspekte gehabt … Kommt man aus der anderen Richtung, sieht man hinter dem Bahnhof die Gleise zur großen Werkstatt abgehen.

Zugang zum Bahnhof Seestraße in der Müllerstraße Mitte der fünfziger Jahre.

Leopoldplatz Hier leert sich der Zug, alles steigt um in Richtung Zoo, in die U 9 also. In den Jahren, als Frohnau ohne S-Bahn war und sich die Fachhochschule für Verwaltung und Rechtspflege noch im Kudamm-Karree befand, habe ich mehrmals in der Woche diesen Weg genommen, fluchend natürlich, denn die Treppen sind für solche Menschenmengen viel zu knapp bemessen. Wenn die Herren (Damen werden es ja kaum gewesen sein), die diese Station entworfen haben, selber hier umsteigen müßten, wären die Auf- und Abgänge sicherlich so breit wie die Treppe über dem Marathontor im Olympiastadion. Bleibt der Trost, daß es Zoo, Berliner Straße und, was die S-Bahn betrifft, Ostkreuz noch viel schlimmer ist. Wie zur Weide getriebenes Vieh kommt man sich vor.

Wedding Früher konnte hier in die Ringbahn umgestiegen werden, und so etwa um das Jahr 2000 soll diese als S 4 zwischen Jungfernheide und Gesundbrunnen ja wieder verkehren – bereits zehn Jahre nach der Wende (in Ziffern: 10)! Und wenn man bedenkt, wie lange die Amerikaner für ihre Eisenbahn vom Atlantik zum Pazifik ohne jegliches Hightech-Equipment gebraucht haben, sechs Jahre nämlich (in Ziffern: 6), vom ersten Spatenstich am 8. Januar

1863 bis zum berühmten Lückenschluß am 10. Mai 1869 (Rossberg 1984, S. 153), dann ist das eine phantastische Leistung, die man gar nicht genug würdigen und bejubeln kann. Unsere politische Elite, um nicht zu sagen: Kaste, wird das schon tun, hören Sie mal rein. In Indien steht die Kaste der Unberührbaren ganz unten, bei uns ganz oben, das ist eben der kleine Unterschied.

Reinickendorfer Straße »Letzter Bahnhof im Westsektor.« Zug für Zug dieselbe Lautsprecherdurchsage. Noch immer habe ich sie im Ohr, wenn wir Reinickendorfer Straße halten. Auch 1998 noch, denn für 28 lange Jahre kam nun die Strecke mit den Geisterbahnhöfen. »Was willst du eigentlich, früher, als die Züge im Osten nicht gehalten haben, ist man doch viel schneller Kochstraße gewesen«, sagt ein Mensch zu mir, der nicht namentlich genannt werden möchte. Ich sehe in den alten Fahrplänen nach: Richtig, 1988 hat man von Reinickendorfer Straße bis Kochstraße acht Minuten gebraucht, heute sind es zehn. Das ist doch nun wirklich ein verdammt hoher Preis für die (Wieder-)Vereinigung, finden Sie nicht auch ...? Und dann heißen die beiden Bahnhöfe, die nach dem Mauerbau zuerst geschlossen wurden, auch noch ganz anders als früher. »Fürchterlich, daß die Wessis alles umbenennen müssen!«

Schwartzkopffstraße (eröffnet 1923 unter diesem Namen, dann von 1951 bis 1973 **Walter-Ulbricht-Stadion**, anschließend bis 1991 **Stadion der Weltjugend**) und **Zinnowitzer Straße** (eröffnet 1923 als **Stettiner Bahnhof**, von 1951 bis 1991 **Nordbahnhof**) habe ich nur als Geisterbahnhöfe in Erinnerung. Nein, Irrtum, Zinnowitzer Straße bin ich doch schon einmal ausgestiegen, vor drei Jahren vielleicht, als mich mein Freund Jürgen Dittberner gebeten hatte, bei der Vorstellung seines hochinteressanten Buches über seine Zeit als Staatssekretär in Berlin und Brandenburg ein paar passende Worte zu sagen. Möglicherweise sind es auch ein paar unpassende geworden, denn als ich auf seine große Affinität zur Mark Brandenburg zu sprechen kam, konnte ich dem Publikum natürlich nicht vorenthalten, wie überaus innig er der märkischen Heide und dem märkischen Sand bei unseren Wanderungen mitunter doch verbunden ist. Öfter nämlich rutscht er aus und dreht beim Fallen eine Pirouette, die lebhaft ans Eiskunstlaufen denken läßt und uns dahin gebracht hat, diese Figur – in Anlehnung an den allseits bekannten Rittberger – einen »Dittberner« zu nennen. Was nun unter einem »doppelten« und gar »dreifachen Dittberner« zu verstehen ist, habe ich in meinen S-Bahn-Erinnerungen »Einsteigen bitte, Türen schließen!« ausführlich beschrieben und will mich nicht selber zitieren (es ist ja schließlich kein wissenschaftliches Buch).

Oranienburger Tor Nur einmal bin ich hier ausgestiegen, vor sechs Jahren etwa, als ich mit meinem Sohn unterwegs war, um Michael Gonzales aus Santa Monica (Kalifornien) unsere Stadt zu zeigen. Er war an die Spree geeilt, um so ein richtig authentisches Berlin-Gefühl zu bekommen ... Wozu? Um ein Drehbuch zu schreiben, und zwar nach meinem Roman »Von oben herab«. Ich oder andere Deutsche könnten das nicht, meinte der Münchener Produzent, der eine deutsch-amerikanische Co-Produktion im Auge

Noch vor dem Mauerbau, im April 1961, entstand diese Aufnahme des südlichen Zuganges zum U-Bahnhof Walter-Ulbricht-Stadion (heute wieder Schwartzkopffstraße). Das imposante stählerne Eingangsportal ist leider nicht mehr vorhanden.

hatte. Mittels U- und S-Bahn fuhren mein Sohn und ich eine Woche lang mit Michael kreuz und quer durch Berlin und Brandenburg. Da mein Englisch auf dem Stand eines Viertkläßlers stehengeblieben ist, engagierte der Produzent meinen Sohn, der ein Jahr in Columbus (Ohio) zur Schule gegangen ist, als Dolmetscher. Worum geht es in »Von oben herab«? In den leerstehenden Hallen auf dem Flughafen Tempelhof dreht man einen Film, in dem es um den rätselhaften Tod des Papstes Johannes Paul II. geht. War es ein natürlicher oder ein psychogener Tod – oder ist er gar von einer bestimmten Interessengruppe ermordet worden? Letzteres wird im Film behauptet, und ein katholischer Fundamentalist, der in Tempelhof als Flugzeugmechaniker beschäftigt ist, sieht das als Blasphemie an und will die kleine Maschine, mit der das Filmteam zu Außenaufnahmen nach Düsseldorf startet, abstürzen lassen. Ein vergleichsweise guter Plot, wie ich finde. Und was ist daraus in der

Hell und licht empfängt heute der U-Bahnhof Friedrichstraße die Reisenden. Doch viele West-Berliner werden sich noch an die bedrückende Atmosphäre erinnern, wenn hier ausgestiegen wurde, um in die »Hauptstadt der DDR« einzureisen.

21. Drehbuchfassung von Michael Gonzales geworden: Ein Film, in dem die russische Mafia per Flugzeug Rauschgift nach Deutschland bringt …

Friedrichstraße »Hast du alles eingesteckt?« Mein Vater sah mich und meine Mutter prüfend an. »Passierschein, Ausweis, Zollerklärung?« – »Ja.« – »Und alles eingetragen?« – »Ja.« Natürlich nicht, denn die nicht eben billige Strickjacke für meine Oma trug ich unter dem Oberhemd und wirkte plötzlich geradezu fett. Wenn das man gutging … Ebenso trug meine Mutter zwei Kleider übereinander. »Ich friere immer so … Wenn sie mich fragen sollten.« Wir schwitzten also nicht nur aus Angst. Viel war von uns beiden zu schleppen, da mein Vater als Schwerbeschädigter nichts weiter tragen konnte als die Verantwortung für das ordnungsgemäße Ausgefülltsein unserer Papiere. Die Trommel mit dem Waschpulver, der Kaffee, die Büchsen mit Ananas, die Cognacflaschen – das wog alles. Wir waren mit der Linie C vom Platz der Luftbrücke aus losgefahren, wohin uns eine Taxe gebracht hatte. Von der Treptower Brücke bis zum Bahnhof Karl-Marx-Straße war es zu weit zum Laufen. Wie vor einer schweren Prüfung fühlten wir uns – oder vor einer Zahnextraktion, vielleicht auch ein bißchen wie vor einer Hinrichtung. Mag sein, daß da Frontstadthysterie und Angstlust mitgespielt haben, dennoch … Der Bahnhof Friedrichstraße war zu DDR-Zeiten so düster, grau und karg, daß man sich schon von vornherein in einer Gefängniszelle wähnte. Durch diverse Maulwurfsgänge schleppten wir uns bis zu den ersten Grenzern. Noch hätten wir zur S-Bahn laufen und unseren Versuch abbrechen können. Nein. Tapfer schwammen wir weiter im Strom, und nach knapp einer Stunde Wartezeit (den Willy-Brandt-Spruch im Ohr: »Wir lassen uns nicht auf kleiner Flamme gar kochen!«) begann dann auch das altgewohnte Ritual. Von der Aufforderung, das Ohr freizumachen, über den Zwangsumtausch bis zur Kontrolle aller Taschen und Behältnisse. Endlich war man durch und fühlte sich erlöst, wenn auch nicht frei. Bloß nicht Passierschein und Ausweis verlieren. »Steht Franek schon da?« fragte meine Mutter. Das war ihr Schwager. »Ja.« Man lag sich in den Armen.

Französische Straße Auch dies ein früherer Geisterbahnhof. Steigt man heute hier aus, steht man auf einer schmalen Insel mitten zwischen den beiden Fahrbahnen und muß auf einen Gnadenakt der Autofahrer hoffen, will man ans rettende Ufer. Auf zum Gendarmenmarkt und zur Inaugenscheinnahme der neuen Friedrichstraße. Ein Einkaufsmuffel wie ich muß sich seine zivilisatorischen Orgasmen woanders holen; ich kann da nicht mitreden, sondern nur in ein »Dann macht mal schön!« ausbrechen, nicht ohne den Lieblingsspruch meiner Kohlenoma hinzuzufügen: »Mir geht das nichts an.« Ausgestiegen bin ich hier, als der Verlag Das Neue Berlin noch in der Kronenstraße saß und ich nach der Wende liebend gern einmal in der berühmten DIE-Reihe vertreten sein wollte, nachdem man zu DDR-Zeiten zwei rororo-Krimis von mir nachgedruckt hatte (»Ein Toter führt Regie« und »Zu einem Mord gehören zwei«). Der Band 157 der Nach-Wende-DIE-Reihe ist es dann geworden: »Mit dem Tod auf du und du«. Ein schöner Titel, gefunden von der Lektorin, weil mir nichts Rechtes eingefallen ist. Wenn ihn nur jemand kaufen würde …

Station Französische Straße mit französischem Kaufhaus »Galeries Lafayette« (Sommer 1996).

Stadtmitte Da waren wir ja schon bei unserer Fahrt mit der U 2. Zitieren wir diesmal Diether Huhn:

Ich komme von der U 6. Diese U-Bahn hat nicht nur einen Bahnhof »Stadtmitte«, sie führt überhaupt unter der mittigsten Mitte von Berlin hindurch. Mittiger kann man nicht sein als diese U-Bahn. Die Bahnhöfe – je renovierter sie sind – machen um so mehr den Eindruck reziproker Häuser … (1997, S. 28)

Da ich nicht verstehe, was damit gemeint ist, hoffe ich, mein Buch damit etwas aufgewertet zu haben.

Kochstraße Hier bin ich nicht gerade unzählige Male ausgestiegen, aber doch etliche. Nicht immer, um mir den Checkpoint Charlie anzusehen oder am Mahnmal für Peter Fechter die zu verfluchen, die ihn auf dem Gewissen haben, sondern auch zu Interviews mit der *Morgenpost* – als die Zeiten vorüber waren, wo sich der aufrechte Linke den Springer-Blättern verweigerte. Meist aber, um zur Besselstraße zu laufen, wohin die Firma Schaudin & Co. Ihren Büromöbelhandel verlagert hatte und wo mein Freund Gerhard an jedem 20. Dezember seinen Geburtstag feierte. Als Chef im Kreise vieler Mitarbeiter/innen. In seinem Imperium kam ich mir als kleiner Soziologie-Student immer sehr armselig und verloren vor, freute mich aber, daß ich als Möbelträger für acht Mark die Stunde – bar auf die Hand – aushilfsweise tätig werden durfte. Die Profis spotteten wenig über mich, den »linken Spinner«, denn schließlich waren Gerhard und seine Eltern ihre Brötchengeber. Dank meines Hanteltrainings in früheren Zeiten hatte ich auch genügend Kraft und Kondition, um so halbwegs mitzuhalten. Nur einmal gab es eine Panne. Da hatte ich mit einem der angestammten Schaudin-Leute den überdimensionalen Schreibtisch des Berlinale-Leiters ins Europacenter zu schleppen. Aus dem Fahrstuhl raus, einen endlosen langen Gang hinunter. Das Ungetüm wurde schwerer und schwerer, doch ich kämpfte verbissen. Schließlich ging es um meine Ehre – und eine Menge Geld. Urplötzlich machte mein linker Arm nicht mehr mit, klappte weg wie der eines Hampelmannes, wenn man die Strippe losläßt, und der Schreibtisch krachte mit der oberen Kante in eine Rigipswand. Das Loch war so groß, daß man hindurchkriechen konnte. In den nächsten Semesterferien mußte ich dann wieder mit viel weniger Lohn bei Siemens an der Rechenmaschine sitzen und Kabel kalkulieren ... Die Firma Siemens gibt es heute noch, Schaudin & Co. dagegen nicht mehr.

Hallesches Tor Hatten wir weiter oben bei der Linie 1 schon, ich weiß, aber bei Umsteigebahnhöfen treffen halt per Definition zwei oder mehr Linien aufeinander. Tief unten sind wir jetzt, sogar noch unter der Sohle des Landwehrkanals. Jetzt ein Wassereinbruch und ... wo ich so schlecht schwimmen und tauchen kann. Auszusteigen ist hier zur AGB, der Amerika-Gedenkbibliothek. Tue ich nicht. Obwohl ich mir eigentlich meine Kriminalromane aus den siebziger und auch schon achtziger Jahren ausleihen müßte, um zu wissen, was ich damals alles geschrieben habe. Mehr als den Plot und die Protagonisten kenne ich zumeist nicht mehr, und es ist immer wieder peinlich, wenn ich bei Lesungen nach etwas gefragt werde, was ich als Autor wirklich wissen müßte. Unwillkürlich kommt da ein Verdacht auf: »Haben Sie das wirklich alles selber geschrieben?« Peinlich, peinlich. Ja, ich habe, nur beim Recherchieren für die dicken Wälzer der letzten Zeit hat mir der Dr. Lindner geholfen (und manchmal habe ich auch ein wenig von anderen abgeschrieben, dies aber immer deutlich angemerkt). Oben höre ich auch heute noch die 95 rumpeln, jene Straßenbahn, mit der ich in meiner Neuköllner Zeit oft vom Halleschen Tor nach Hause fahren durfte.

Mehringdamm Schöner war der alte Name, den ich als Kind beim Lesenlernen so faszinierend fand: Belle-Alliance-Platz. 1947 war es aus damit, und Franz Mehring kam zum Zuge, laut Brockhaus: *dt. Schriftsteller, *1846, †1919; erste wiss. Darstellungen der dt. Arbeiterbewegung vom sozialist. Standpunkt.* Sehr bewundernswert der Mann, aber diese verdammte Berliner Umbenneneritis an sich und als solche regt mich auf. Ich warte nur auf den Tag, wo man den Bahnhof Stadtmitte nach Karin Ludwig-Tietze benennt, die dreißig Jahre lang die deutschen Lottozahlen gezogen hat. Verdient hätte sie es, steht sie doch im kollektiven Bewußtsein unseres Volkes längst auf einer Stufe mit Frauen wie Hildegard von Bingen, der Heiligen Elisabeth, Königin Luise und Mutter Beimer.

Mehringdamm, fällt mir ein, wäre ich um ein Haar ... Der Reihe nach. 1992 sitze ich in der U 6, komme von Tegel und will mich auf dem Bahnhof

Mehringdamm mit der Gefährtin meines Lebens treffen, um mit ihr erst etwas zu essen und dann ins BKA zu gehen. Nicht ins Bundeskriminalamt, sondern in ein Kabarett beziehungsweise kleines Theater hoch oben in einem Fabrikgebäude an der breiten Straße, die auch Mehringdamm heißt. Ich sitze da und lese in *Psychologie heute*. Oranienburger Tor steigt ein junger Mann ein, der ganz so aussieht wie ein Hausbesetzer aus Mitte, der sich zum Gedankenaustausch mit einem Hausbesetzer aus Kreuzberg treffen will. Einen Zopf hat er und solche rot-weiß gestreiften Hosen an, wie sie die Mannen des Florian Geyer im Bauernkrieg von 1515 getragen haben. Natürlich liest er die *taz*. Klischee Nr. 1. Friedrichstraße nun steigen zwei junge Männer ein, die von ihrem Aussehen und ihrer Mundart her – Klischee Nr. 2 – aus einer kleinen märkischen Gemeinde zu stammen scheinen, Mahlow oder Dolgenbrodt vielleicht. Sie führen einen gelbgrünen Gartenschlauch mit sich, den sie auf einer Trommel aufgewickelt haben. Ihre kurzgeschnittenen flachsblonden Haare und ihre schwarzen Springerstiefel lassen vermuten, daß ihre Bräute abends unter der Dorflinde das schöne Lied anstimmen: »Braun, braun sind alle meine Kleider, braun, braun sind alle meine Sachen ... weil mein Schatz ein Neonazi ist.« Kaum sehen sie den Hausbesetzer, da fangen sie – Klischee Nr. 3 – auch schon zu pöbeln an. Mit der »linken schwulen Sau« geht es los und steigert sich langsam. Der Hausbesetzer hört nicht hin, wählt die Taktik toter Käfer. Ich sehe mich um. Im Zug sind Rentnerinnen, Frauen mit kleinen Kindern, Schüler, niemand, der eingreifen würde und könnte. Und im nächsten Augenblick werden die beiden Springerstiefel anfangen, auf den Hausbesetzer einzuschlagen. Sie blicken mich an. Ich zittere vor Angst, versuche aber wie Clint Eastwood zurückzublicken. Zumindest so, wie ich es von der AG Gruppengewalt gelernt habe: »Den Eindruck erwecken, daß man sich die Gesichter ganz genau merkt und die Typen wissen, daß sie vor Gericht wiedererkannt werden.« Aber bis dahin haben sie uns, den Hausbesetzer wie mich, wenn ich denn eingreife, zusammengeschlagen. Sie hauen ihm schon so kräftig aufs Knie, daß es verdammt weh tun muß. Da habe ich eine Idee. Ich ziehe meinen alten Dienstausweis von 1973 aus der linken Reißverschlußtasche meiner schwarzen Lederweste und halte ihn hoch. So, daß man zwar das Logo Berlins und den Schriftzug »Der Senator für Inneres« erkennen kann, aber nicht das FHSVR und den Professor. Dann murmele ich etwas von »Zivilfahnder« und »paßt bloß auf ...« Und tatsächlich: Es wirkt. Die beiden lassen ab von ihrem Opfer und spielen fortan mit ihrem Gartenschlauch. Ich weiß aber, daß das nur so lange anhalten wird, wie ich im Zug sitze. Mehringdamm aber muß ich aussteigen. Was dann? Glücklicherweise erhebt sich, als wir in den breiten Bahnhof einfahren, auch der Hausbesetzer. Der Zug hält, er springt hinaus, ich hinterher. Was ich nun erwarte, das ist klar: daß er sich bei mir bedankt, mich sogar umarmt. Mich, seinen Retter. Doch was tut er? Nichts. Beachtet mich nicht im allergeringsten, sondern wendet sich wort- und grußlos zum Ausgang Yorckstraße. »Arschloch«, brumme ich und gehe zur anderen Seite, um zu sehen, ob meine große Liebe schon dasteht und wartet. Nein. Wie immer kommt sie an die zehn Minuten zu spät. Oder ... sollte ich sie nicht gesehen haben? Während ich sie suche, höre ich einen Schrei. Die beiden Springerstiefel sind ebenfalls ausgestiegen und schlagen nun auf den Hausbesetzer ein. Ich renne zum Stationsvorsteherhäuschen und schreie: »Schnell, die Polizei, da schlagen sie einen zusammen.« Zwei BVGler haben heute Dienst, ein Mann und eine Frau. Der Mann verkrümelt sich und sagt, er werde die Polizei anrufen. Die Frau stürzt los und schwingt ihr Funksprechgerät wie eine Waffe. Ich folge ihr. Sie wirft sich zwischen die Kämpfenden, ich ziehe den kleineren der Springerstiefel von seinem Opfer weg. Der Hausbesetzer blutet, offenbar haben sie ihm einen Zahn ausgeschlagen. Noch immer sagt er kein Wort. Ist es ein Ausländer, ist er taubstumm? Polizeibeamte kommen herangestürmt. Sie durchschauen die Situation nicht gleich und denken, ich sei einer der Täter. Als das geklärt ist, machen sie wenig Anstalten, die Sache aufzunehmen, damit Anzeige gegen die beiden Schläger erstattet werden kann. Ich muß sie förmlich dazu drängen, zumal der Hausbesetzer offensichtlich auch nicht will, daß man seine Personalien festhält. Bullen, nein danke. Ich halte den Beamten meinen Personalausweis hin und will so schnell wie möglich weg, zumal ich jetzt Heike auf dem anderen Bahnsteig sehe. »Ihr könnt mich alle mal am Arsche lecken«, denke ich. Der eine Beamte notiert meine Aussage, der andere prüft meinen Ausweis, dann kann ich endlich gehen. Täter und Opfer stehen so friedlich beieinander, daß man glauben könnte, sie würden sich zu einer Skatrunde verabreden wollen. Ein paar Tage später ruft die Kripo zu Hause bei mir an. Ich solle in die Dienststelle kommen, um alles noch einmal zu Protokoll zu geben. Ich weigere mich. Das könne man doch wohl auch per Telefon erledigen, und außerdem hätte ich doch bereits auf dem Bahnhof alles … Man belehrt mich, daß ich müsse. »Kann ich bitte einmal Ihren Vorgesetzten sprechen.« Nach diversen Umschaltversuchen ist der Mann in der Leitung. »Wenn Sie mir bitte noch einmal schildern würden, worum es eigentlich geht.« Ich tue es und erwähne natürlich auch den Bluff mit dem Dienstausweis, weil ich darauf ganz besonders stolz bin. Da hakt er ein und eröffnet mir, daß ich mich damit wohl strafbar gemacht habe. Ich verliere die Contenance. »Jetzt habe ich aber die Nase voll! Wenn Sie wollen, daß die Sache morgen in der Zeitung steht, dann … Auf Wiederhören!« Ich lege auf – und zittere abermals am ganzen Leibe. Wie zuvor in der U-Bahn, denn ich bin mir ziemlich sicher, daß sie gleich mit einem Streifenwagen anrücken werden. Doch nichts geschieht. Danke, Ihr Freunde von der vierten Gewalt, daß Ihr so abschreckend seid! Zu einem Gerichtsverfahren gegen die beiden Schläger von der U 6 ist es meines Wissens allerdings auch nicht gekommen. Wahrscheinlich gilt ein ausgeschlagener Zahn als Bagatelle.

Platz der Luftbrücke Dieser Bahnhof hatte schon zwei andere Namen: **Kreuzberg** und **Flughafen**. Erst seit dem 1. September 1975 heißt er so wie heute. Von seiner Höhe her scheint er für die Landung und Wartung kleinerer Maschinen konzipiert zu sein. Will man ins Polizeipräsidium, zur Polizeihistorischen Sammlung oder ins LKA, ist hier auszusteigen. Früher, als sich die FHVR noch im Kudamm-Karree befand, bin ich mit den Studenten meines Kurses in Kriminalsoziologie immer hier gewesen, von Friedrichsfelde aus schaffen wir das zeitlich nicht mehr. Und bei meinen Recherchen zu »Wie ein Tier« hat mir hier Frau Dr. Schönefeld sehr geholfen. Direkt unter der Schautafel des Serientäters Paul Ogorzow habe ich dann auch aus meinem S-Bahn-Mörderroman gelesen, vor echten und hochrangigen Polizeibeamten. Unfaßbar irgendwie. Mein erster Kriminalhauptkommissar Hans-Jürgen Mannhardt hat dabei in der ersten Reihe gesessen.

Im Januar 1998 hat man die schmutzigen Fliesen an den Wänden überpinselt, um dem anreisenden Bundesinnenminister eine saubere U-Bahn zu zeigen. Die einsturzgefährdete Decke wird inzwischen an einigen Stellen mit einem Baugerüst gesichert. Berliner, macht eines Tages wieder ganz, was euch derzeit kaputtgespart wird!

Paradestraße spielt in meinem Leben keine Rolle, ärgert mich nur wegen der scheußlichen neuen Kacheln und der damit verbundenen Grenander-Schändung; **Tempelhof** (früher mit »Südring« in Klammern) steige ich nur ganz selten in die S-Bahn um, und in

Alt-Tempelhof bin ich nur einmal ausgestiegen, um zu einer Hochzeit, nicht meiner, in eine nahe gelegene Kirche zu eilen. Nein, Irrtum, den habe ich in guter Erinnerung, denn hier ist auszusteigen, wenn ich zu einer Lesung in der Tempelhofer Stadtbibliothek eingeladen bin. Dort ist es im Amphitheater immer sehr stimmungsvoll. **Kaiserin-Augusta-Straße** ist nahe dem Wenckebach-Krankenhaus gelegen; und vom Bahnhof **Ullsteinstraße** kommt man gut zur Ufa-Fabrik; vom **Westphalweg** ist gar nichts zu berichten; und **Alt-Mariendorf** ist die Fahrt zu Ende. Ohne jeden weiteren Höhepunkt. Man sollte auch beim Öffentlichen Personennahverkehr (ÖPNV) nicht zuviel erwarten.

U 7 Rudow – Rathaus Spandau

Obwohl die U 7 meine frühere Heimatlinie C zwischen Grenzallee und Mehringdamm okkupiert hat, also auch die Station Rathaus Neukölln, ist sie mir fremd geblieben. In Alfred Gottwaldts schon mehrfach erwähnter Sammlung von Streckenplänen taucht sie erst auf der Seite 54 auf (1968), und zwar senffarben als Linie 7 zwischen Britz-Süd und Mehringdamm (»im Bau« schon bis Zwickauer Damm und Fehrbelliner Platz). Fünf Seiten später (1987) reicht sie dann schon hellblaugrau von Rudow nach Spandau. Die modernsten Wagen hat sie immer gehabt, und voll ist sie wie keine andere Linie. From coast to coast ist man in ihr 59 Minuten an Bord, und schon eine Fahrt von Berliner Straße bis Rathaus Spandau kommt mir ewig lange vor, jedoch keineswegs langweilig. Schauen wir mal …

Rudow Bad Rudow sagt man spöttisch. Der 1. Juli 1972 war der große Tag, an dem Rudow seine U-Bahn bekam. Vordem konnte per Schiene nur mit den legendären »Panzerzügen« der Linie 47 angereist werden, worüber Klaus Reineck als Mann an der Kurbel in unseren Straßenbahnerinnerungen »Noch jemand ohne Fahrschein?« so beredt berichtet hat. Achtung, was hier stinkt, sind nicht die nahen Rieselfelder, sondern Eigenlob und Eigenwerbung. Nette Leute wohnen in Rudow, so ein Kollege, Jurist, und gute Freunde. Beider Behausungen von der U-Bahn aus ohne Frust und Tränen zu erreichen ist indessen schwierig. Wollen wir zur ersten Adresse, so ist bei mir im Kopf eingespeichert: Glashütter Weg. Doch als wir den erreicht haben, hört er lange, bevor wir die gesuchte Hausnummer gefunden haben, wieder auf. Mitten auf den Feldern. »Ach, Gott, ja: Der war ja zweigeteilt, und die andere Hälfte heißt jetzt anders …« Wie, das vergesse ich immer wieder von neuem. »Mann!« ruft die Frau, die mein Leben gefährtet. »Irgend etwas Österreichisches …« – »Wiener Straße.« – »Die ist in Kreuzberg. Nein, das ist was mit dem ›Weißen Rößl‹ …« – »Wolfgangseeweg.« – »Nein …« Ich überlege bis zum völligen Einbruch der Dunkelheit, dann hab' ich's: »Benatzkyweg.« Gott sei Dank. Aber noch sind wir nicht beim Kollegen Prof. Dr. W., denn wir verlaufen uns erst einmal und landen auf der Rudower Höhe. Heike schimpft. Ich lache: »Freu dich doch, daß wir endlich mal beide auf der Höhe sind.« Einer klagt sonst immer. »Frag mal nach dem Weg«, weist sie mich an. Sie ist Gruppenleiterin in einer Behörde und versteht sich darauf. Ich weigere mich unter Berufung auf das Grund- und das Beamtengesetz. »Die Würde des Menschen ist unantastbar, und ich fühle mich in meiner verletzt, wenn ich jemanden fragen muß. Ich habe so viel Mannhardt in mir, daß ich selber auf die Lösung komme.« Mannhardt ist der Kriminalkommissar in vielen meiner Kriminalromane. Wir irren weiter umher. »Wo ist denn bloß dieser Scheiß-Benatzkyweg!?« Als wir – Stunden später, wie mir scheint – fast in den Teltowkanal fallen, fragt Heike schließlich einen Hundebesitzer. Der weiß es, und wir gelangen wirklich noch ans Ziel.

Linie U 7 (Rudow – Rathaus Spandau)

Streckendaten (Großprofil)	
Linienlänge	31,8 km
Anzahl der Bahnhöfe	40
Fahrzeit	59,0 min
Reisegeschwindigkeit	32,3 km/h
Mittlerer Abstand zwischen den Bahnhöfen	814 m
Eröffnungen	
Rudow – Zwickauer Damm	1. 7. 1972
Zwickauer Damm – Britz-Süd	2. 1. 1970
Britz-Süd – Grenzallee	28. 9. 1963
Grenzallee – Bergstraße (heute Karl-Marx-Straße)	21. 12. 1930
Bergstraße – Hasenheide (heute Südstern)	11. 4. 1926
Hasenheide – Gneisenaustraße	14. 12. 1924
Gneisenaustraße – Belle-Alliance-Straße (heute Mehringdamm)	19. 4. 1924
Mehringdamm – Möckernbrücke	28. 2. 1966
Möckernbrücke – Fehrbelliner Platz	29. 1. 1971
Fehrbelliner Platz – Richard-Wagner-Platz	28. 4. 1978
Richard-Wagner-Platz – Rohrdamm	1. 10. 1980
Rohrdamm – Rathaus Spandau	1. 10. 1984
Streckenbeschreibung	
Rudow – Rathaus Spandau (Tunnelstrecke)	

Der zweite Fall: Sabrina wohnt seit kurzem am anderen Ende Rudows, am Geflügelsteig, und ist sowohl Heikes Freundin als auch eine ehemalige FHVR-Studentin. »Da kommt ihr ganz einfach hin«, erklärt sie uns, »gleich an der U-Bahn hält der 271er.« Tut er auch. Wir kommen die U-Bahn-Treppen hochgerannt und springen hinein. Ab geht es. Nach ein paar Stationen stutze ich. So gut kenne ich mich hier im Südosten doch aus, um zu wissen, daß der Geflügelsteig im Süden der U-Bahn liegt, wir aber mit Kurs Nord/Nordost durch die Botanik brettern. »Das ist der falsche Bus!«, rufe ich. »Es *ist* der 217er, hab' ich doch beim Einsteigen ganz deutlich gesehen.« – »Hast du beim Einsteigen ganz deutlich das Falsche gesehen. Das wird der 172er sein und nicht der 217er.« Zahlendreher dieser Art kenne ich von meiner Siemens-Lehre her. Die alten Hasen in der Buchhaltung haben in solchen Fällen mit ihrer Fehlerdiagnose immer richtig gelegen. Ich springe auf und laufe zum Fahrer. »Sind wir hier im 172er ...?« Nein, es ist in der Tat der 217er. »Ha-ha-ha!«, höhnt Heike. Und der 271er fährt wirklich zum Geflügelsteig, ist aber eine Ringlinie, das heißt, wir bewegen uns ganz programmgemäß erst einmal eine Viertelstunde lang in genau die Richtung, die unserem Ziel entgegengesetzt ist, und fluchen gewaltig. Bis ich schreie: »Da ist ja der Benatzkyweg!« Nun kommt Freude auf.

Bei **Zwickauer Damm** und **Wutzkyallee** habe ich bedauerlicherweise keine anderen Assoziationen als »Zurückbleiben bitte!«, wobei die Eingeweihten wissen, wie schwierig es war, das BVG-Personal auf dieses Bitte einzuschwören. Es würde den Betriebsablauf stören, hieß es, unnötig Zeit kosten. Inzwischen sind wir aber von Beförderungsfällen zu Fahrgästen geworden. Oder ...? »Wer Oder sagt, muß auch Oder-Spree-Kanal sagen«, habe ich meinem Sohn immer beizubringen versucht. Kein Wunder, daß er in eine andere Kultur ausgewandert ist.

Lipschitzallee Im Spätherbst 1996 steige ich hier aus, allerdings aus der anderen Richtung kommend, und weiß noch nicht, daß ich bald etwas erleben werde, was so richtig Horror ist. Dabei war es schon eben in der U-Bahn nicht gerade gemütlich, als sich zwischen Neukölln (Südring) und Johannisthaler Chaussee zwei multikulturelle Jugendgangs in meinem Wagen eine kleine Schlacht geliefert haben. Zum Glück noch ohne Messer und andere Kuschelwaffen. Genervt und ein wenig schweißbedeckt steige ich also zum Lichte empor, das allerdings kaum noch eines ist, sondern mehr schon Dämmerung, und suche nach dem Gemeinschaftshaus der Gropiusstadt, wo sich hoch oben auf dem Dache ein kleiner, aber feiner Saal befinden soll, den die Mieter für ihre Feiern nutzen können. Ilona, eine Ex-Studentin aus der FHVR, wird vierzig, und ihre Eltern haben mich gebeten, als Überraschungsgeschenk in die Gropiusstadt zu kommen. Um nicht wieder so durch die Gegend zu irren wie beim Benatzkyweg, habe ich vorsichtshalber vorher in die Karte geschaut und weiß nun, wo es langgeht. Trotzdem habe ich Mühe, ans Ziel zu kommen, denn ein orkanartiger Wind fegt durch die Straßen und droht, einen in die Luft zu wirbeln, als wäre man ein Blatt. Ich kämpfe mich jedoch tapfer Meter um Meter durch eine kleine Grünanlage, durch die sich der Weg etwas abkürzen läßt. Nur zwei falsche Landeanflüge, dann stehe ich vor dem Eingang mit der Nummer, die ich mir aufgeschrieben habe. Es ist ein sehr hohes Hochhaus, und als ich in den Fahrstuhl steige, werden mir die Knie weich. Bei Windstärken wie diesen schwankt das Haus an seiner Spitze bestimmt um einiges ... und der Fahrstuhl wird sich ganz sicher verklemmen. Eine Nacht im Fahrstuhl. Was habe ich denn in meiner Aktentasche ...? Einen Mars-Riegel als Notration und die Stullenbüchse, in die ich vor dem Blasenkrampf ... Das kann also angehen. Vielleicht bleibt noch eine junge Dame mit mir stecken. Es ist keine in Sicht, ich steige also solo ein und fahre nach oben. Die Stockwerke zähle ich schon gar nicht mehr. Als der Lift endlich hält, sehe ich so alt und faltenreich aus, daß ich mich gleich liften lassen sollte. Ich steige aus und halte Ausschau nach Wegweisern, Pfeilen, Piktogrammen und ähnlichen Informationshilfen. Nichts. Mag auch sein, daß ich einiges übersehe, denn a. ist es ziemlich düster im Labyrinth der Treppen und Gänge hier oben und b. kann ich ohne Brille nicht alles erkennen. Die Brille aus der Tasche zu holen wage ich nicht, denn wenn sie hier auf den Betonboden fällt, bin ich angeschmiert. Ich komme an Türen vorbei, die fremden Leuten gehören, gerate durch Notausgänge in irgendwelche Versorgungsschächte und sehne mich nach einer Ariadne und ihrem mitgegebenen Faden. Langsam ergreift mich ein panikähnliches Gefühl, und ich will schon gar nicht mehr zur Geburtstagsfeier, sondern nur noch zum Fahrstuhl zurück, um wieder nach unten zu fahren und auf ortskundige Gäste zu warten. Ein Anlauf noch, da muß es sein. Ich drücke eine schwere Stahltür auf und trete auf eine Art Balkon hinaus, eine Galerie. – Ah, hier gehen bestimmt Wohnungen ab ... und wo Wohnungen abgehen, da muß auch ein Fahrstuhl sein. Tief unter mir glitzern die Lichter Neuköllns wie Milchstraßensterne. Ein Flugzeug mit eingeschalteten Scheinwerfern befindet sich im Anflug auf Schönefeld. Während ich mich sekundenlang in dieser Märchenwelt verliere, packt mich eine Böe, reißt mich weg und drückt mich gegen die Wand. Der Sog bei diesen Hochhäusern ... Er wird mich hochreißen und in die Tiefe schleudern. Jetzt ist die Panik vollkommen, schlimmer als bei jeder Flugzeugturbulenz. Nur weg von hier! Ich will die Tür wieder auffetzen. Zu! Ich rüttele daran, ich reiße am Knauf. Alles umsonst. Ich schreie. »Hallo, ist da jemand!?« und »Hallo, aufmachen!« Aber der Sturm heult derart, daß das witzlos ist. So gehe ich erst einmal in die Knie, um dem Wind weniger Angriffsfläche zu bieten. Wie lange kann man es hier oben aushalten? Wie tief sinken die Temperaturen? Wann wird Heike mich vermissen und nach mir suchen lassen? Bei Geburtstagsfeiern bleibt man lange ... Wenn ich um ein Uhr nachts nicht zu Hause bin, wird sie unruhig werden und das Geburtstagskind anrufen. Aber sie hat die Nummer nicht. Es wird ewig dauern, bis sie jemanden erwischt hat. »Nein, der Herr Bosetzky ist hier nicht aufgetaucht.« Auch wenn sie jetzt die Polizei benachrichtigt, vergehen noch Stunden, bis die auf die Idee kommen, hier im Hochhaus zu suchen. Bestenfalls haben sie mich gegen Mittag befreit. Nur Heike selber kann ahnen, was passiert ist. Ich schicke Wellen zu ihr hin, ohne an ihre Wirkung zu glauben. Was tun? Ich kauere am Boden wie ein zweijähriges

Kind, das Papa und Mama verloren hat. Es ist wirklich zum Heulen. – Du mußt was machen! Ja, was denn: mich hinunterstürzen …? Lieber ein Ende mit Schrecken. Nur nicht auf die Brüstung schielen! Auf den Knien krieche ich weiter. Vielleicht geht hinter der Ecke doch noch eine Wohnung ab, und ich kann dort klingeln. Nein. Da ist aber eine zweite Tür. Zeit zum Beten. Und in der Tat: Sie läßt sich öffnen. Ich bin gerettet!

Johannisthaler Chaussee Hier steige ich immer aus, wenn es in die Gropius-Passagen zur Lesung geht. Das Publikum in der Buchhandlung »SoSch« ist immer phantastisch, und wenn hier über hundert Menschen sitzen und auf mich warten, dann entschädigt das für jene Veranstaltungen, wo sich neben den beiden Veranstaltern noch drei bis vier Einheimische im Saal verlieren. Das macht schon depressiv, nicht nur mich, sondern auch andere Literaturschaffende. Friedhelm Werremeier hatte einmal bei einer Lesung in einem waldreichen deutschen Mittelgebirge nur einen einzigen Zuhörer: den Oberförster. »Kommen Sie: Ich schenke Ihnen mein Buch und Sie können zu Hause selber alles über Trimmel lesen. Dafür trinken wir zusammen 'n Bier.« – »Nein danke, Herr Werremeier, dazu bin ich nicht zehn Kilometer durch den Wald gelaufen. Ich will Sie selber lesen hören.« Und da der Mann eine Flinte bei sich hatte, mußte sich Werremeier hinsetzen und ihm eine Stunde lang, Auge in Auge, aus dem »Taxi nach Leipzig« alles vorlesen, was spannend war. Anders dagegen Jürgen Alberts aus Bremen. Bei den Lausitzer Krimitagen soll er in der Autobahnraststätte Klein Beuchow lesen. Als er hinkommt, ist der Saal gerammelt voll. Das überrascht ihn nicht, denn er weiß, daß er ein blendender Interpret seiner Werke ist. Er nimmt also Platz, stellt sich vor und beginnt zu lesen. Daß die Leute dabei essen, wundert ihn nicht, war das doch mit den Veranstaltern so abgesprochen. Plötzlich aber steht eine ältere Dame auf, reißt wütend ihren Mann vom Stuhl und ruft in breiter hessischer Mundart: »Erwin, müsse mer uns das antue!« Alberts war bei null einheimischen Krimi-Interessenten in eine Gruppe hessischer Spreewaldtouristen geraten. Meine absolute Nullnummer hatte ich am 5. Mai 1990 oben in Schwerin, wo sich weder für Steffen Mohr noch für mich, noch für uns beide, noch für unseren Roman »Schau nicht hin, schau nicht her« eine/einer erwärmen wollte.

Mit **Britz-Süd**, **Parchimer Allee** und **Blaschkoallee** verbindet sich nichts bei mir, und ich bitte alle die, die dort wohnen, um Vergebung.

Grenzallee Grenzallee gehört bei mir zur Tunneleule, verlief doch die Linie C in den entscheidenden Jahren meiner kindlichen Prägung zwischen Grenzallee und Seestraße. Grenzallee büßte erst am 28. September 1963 seinen herausgehobenen Endbahnhofstatus ein.

Neukölln Früher stand da immer noch, wie bei Tempelhof auch, in Klammern Südring dahinter, was dann wohl nach dem Mauerbau am 13. August 1961 und dem S-Bahn-Boykott nicht mehr opportun erschien. Umgestiegen in den S-Bahn-Südring bin ich dort nur selten, denn das brachte nichts. Was die S-Bahn betraf, war Sonnenallee näher für uns, und in die U-Bahn stiegen wir woanders besser ein.

Karl-Marx-Straße Nach unserem Umzug von der Ossa- in die Treptower Straße 1954 war Karl-Marx-Straße der nächstgelegene U-Bahnhof. Immerhin aber hatten wir von der Wohnungstür bis zur Bahnsteigkante an die anderthalb Kilometer zu laufen, was für meinen gehbehinderten Vater eine Menge war. Also arbeiteten wir beide detaillierte Pläne aus, wie der Neuköllner Schiffahrtskanal trockenzulegen und eine

Einschnitt-U-Bahn – gleich der nach Krumme Lanke – zu bauen sei. Sie sollte als D II vom Kottbusser Tor zum S-Bahnhof Sonnenallee gehen und die »Unterwegsstationen« Hobrechtbrücke, Pannierstraße, Weichselplatz und Treptower Brücke aufweisen. Ab und an träume ich noch heute davon.

Stieg man Karl-Marx-Straße aus, konnte man gleich ins »aki« springen, das Aktualitäten-Kino, das in der Vorfernsehzeit ein »integraler Bestandteil« unseres Alltags war. Mehrere Wochenschauen gab es da, Sportreportagen, Kultur- und Zeichentrickfilme. Und wer lieber lesen wollte, der hatte gegenüber seine »Bickhardt'sche Buchhandlung«.

Rathaus Neukölln Dies nun ist mein eigentlicher Heimatbahnhof. Hier bin ich 16 Jahre ungezählte Male ein- und ausgestiegen und habe auf die Züge wie auf abzuholende Freunde und Verwandte gewartet. »Mutti, wann kommt denn der Zug?« – »Gleich.« Und bis zu zehn Minuten lang dieselbe Frage, dieselbe Antwort. Blaugrau und düster ist der Bahnhof gewesen und immer zugig. Aber lang wurde das Warten eigentlich nie. Vieles war zu studieren, siehe oben. Und hier hat sich unter Garantie im Februar 1938 meine erste Begegnung mit der Tunneleule abge-

Das Rathaus Neukölln mit seinem mächtigen Uhrenturm am gleichnamigen U-Bahnhof dominiert die Karl-Marx-Straße. Das Bild entstand im Sommer 1987.

Karl-Marx-Straße und Koffer Panneck gehörten einfach zusammen. Die Aufnahme entstand vor 25 Jahren – erstaunlich, wie leer damals die Straßen noch waren.

spielt, und es war Liebe auf den ersten Blick. Der Bahnhof Rathaus Neukölln ist auch der Schauplatz, an dem mein Vater sein großes Schauermärchen »Mein Vati ist weg« angesiedelt hat. Elf Jahre war ich schon, da kommen wir eines Nachmittags hier an, und ich verliere ihn aus den Augen. Im Zug hat er mir gesagt, daß ihm »irgendwie so trieselig im Kopfe sei«. Auch weil er keinen Schlüssel bei sich hat, suche ich ihn ziemlich verzweifelt und spreche dabei auch zwei zufällig vorüberkommende Neuköllner Nachbarn an. »Mein Vater ist weg, haben Sie den zufällig irgendwo gesehen?« Hatten sie nicht. Ich finde ihn dann in der Fuldastraße, wo er mit Onkel Albert, dem Bruder meiner Schmöckwitzer Oma, steht und plaudert. Natürlich bin ich erleichtert, und er bekommt ein Küßchen auf die Backe. Er, der Schelm, erzählt aber nun mit der ernstesten aller ernsten Mienen überall herum, ich sei weinend umhergelaufen und hätte gerufen: »Mein Vati ist weg!« Und je mehr ich das dementiere und mich darüber aufrege, um so mehr glauben ihm die Leute, daß es wirklich so gewesen ist.

Wenn Sie am südlichen Ende des Bahnsteigs ein zugeschmiertes Loch entdecken sollten, dann ist das auf meine Mutter zurückzuführen. Es muß so 1952 gewesen sein, da kommt sie vom Dienst bei der AOK hier an, steigt aus, zerknüllt ihren Fahrschein, wirft ihn in den Papierkorb und strebt dem Ausgang zu – um dort Fahrscheinkontrolleuren, die es damals auch schon gab (!), in die Arme zu laufen. »Ihren Fahrausweis, bitte.« (Der Mann meinte »Fahr*schein*«, aber diese Verirrung der Amtssprache hat die BVG ja bis heute nicht korrigiert.) – »Meinen Fahrschein …? Den habe ich da in den Papierkorb geworfen.« – »Seinen Fahrausweis hat man bis zum Verlassen des Bahnsteigs aufzubewahren.« – »Beim nächsten Mal, ja.« – »Dann bekomme ich jetzt zehn Mark von Ihnen.« – »Wieso denn: Ich habe doch bezahlt. Und außerdem bin ich Beamtin und habe es nicht nötig, die U-Bahn zu betrügen.« Damit hat sie das Herz des Mannes erweicht, er leert den Papierkorb auf den Bahnsteig aus – und beide knien nun da und suchen nach dem zerknüllten Fahrschein beziehungsweise -ausweis. Ohne Ergebnis. Als meine Mutter nach Hause kommt, reden mein Vater und ich ihr ein, sie sei nun vorbestraft. Und ich glaube schon, daß sie's geglaubt hat … Als ihr der Freund und Kollege Herbert N. erklärt, daß es mitnichten so sei, fällt ihr ein Stein vom Herzen. Daher das Loch auf dem Bahnsteig.

Einer der vielen Ausgänge des großen Kreuzungsbahnhofs Hermannplatz im Jahre 1993. Vor Jahrzehnten konnte über diesen Ausgang in die Straßenbahn umgestiegen werden.

Hermannplatz Das war als Kind für mich – nach Alexanderplatz – die faszinierendste Unter-der-Erde-Station, noch vor Belle-Alliance-Platz und Stadtmitte. (Die Hochbahnhöfe sind ein Kapitel für sich.) Der Bahnhof der Linie C beziehungsweise 7 ist eine Mischung von Kathedrale und Sportarena und würde als Moschee »die gelbe« heißen. Unten, mitten durch diese Riesenhalle hindurch, zieht sich nun der Bahnsteig der Linie D beziehungsweise 8, hängt da unter der Decke wie eine riesige Röhre, wenn auch eckig. Dann lockten natürlich auch die Rolltreppen, noch mehr aber die Treppen des direkten Zuganges zum Karstadt-Kaufhaus. Nach der Zerstörung in den letzten Kriegstagen war dieser Eingang nicht mehr in Betrieb. Heute, da man wieder aus dem Zug steigen und nach ein paar Schritten direkt im Kaufhaus sein kann, ist die Frage, ob das nicht auch die Mäuse tun, die man hier mehr als anderswo über den Schotter huschen sieht. Bei den Delikatessen ein Stückchen weiter oben … Zur Albert-Schweitzer-Schule, die ich von der achten Klasse bis zum Abitur besuchte und

Die gewaltige Halle der Station Hermannplatz und deren architektonische Ausstattung ist auf dieser alten Postkarte (entstanden Ende der zwanziger Jahre) gut zu erkennen. Gerade verläßt ein B 1-Zug die Station mit dem Ziel Seestraße.

die gleich am Hermannplatz gelegen ist, bin ich immer zu Fuß gelaufen. Daß man eine Schule *besucht*, das ist wirklich sehr schönfärberisch und harmonisierend ausgedrückt und wäre auch ein Fall für eine umfassende Sprachreform, denn Besuch assoziiert ja Freude und frohe Erwartung, Schule aber eher das Gegenteil. Immerhin sind wir einmal von der Schule aus mit einem Sonderzug der U-Bahn in die Innenstadt gefahren, um im Kollektiv den Film »Es wird Mitternacht, Dr. Schweitzer« zu sehen.

Südstern Südstern, Südstern ...? Es kommt mir so vor, als hätte diese Station früher einen anderen Namen gehabt. Ich schlage nach, und siehe da: Ich hatte recht. Bis 1933 **Hasenheide**, was wegen des nahe gelegenen Volksparks auch logisch ist, dann bis 1939 **Kaiser-Friedrich-Platz**, bis 1947 **Gardepionierplatz**, was wegen der vormals in der Nähe gelegenen Exerzierplätze der Gardepioniere auch etwas für sich hatte, und danach erst Südstern. Sicherlich nicht benannt nach dem früher ganz passablen Fußballverein Südstern 08. Auch Nordstern gibt es ja als Kickertruppe, nur von Ost- und Weststern ist mir nichts bekannt.

Gneisenaustraße In meiner Jugend sah es hier ganz anders aus. Da gab es nur grünen Putz und keine Kacheln, und auf dem Rücken der U- fuhr die Straßenbahn, die Linie 3. Zwischen Gneisenaustraße und Mehringdamm finden wir die engste Kurve im Berliner U-Bahnnetz, und es quietscht mitunter so nervenzerreißend, daß man auf der Stelle aussteigen möchte. Aber Gneisenau steht ja für Durchhalten, wie es mein Zigarettenbilder-Album zeigt – mit seiner Nummern 114 (»Gneisenau und Nettelbeck auf den Wällen des unbesiegten Kolberg. 1807«) und 151 (»Gneisenau. 1760–1831. Diesem kühnen Strategen und genialen Organisator verdankt Preußen in erster Linie seinen Wiederaufstieg.«) Wie der Fußballverein Hertha BSC den seinigen Jürgen Röber verdankt.

Mehringdamm Auch hier sah es früher anders aus, wie man am besten bei Sabine Bohle-Heintzenberg (1980, S. 170) nachlesen kann. Ansonsten ist über diese Station bei unserer Fahrt mit der Linie 6 schon alles gesagt worden. Außer daß man hier aussteigen muß, will man ins Rathaus Kreuzberg eilen. Früher, auf der alten Linie C, ging es nun weiter Richtung Seestraße, die U 7 aber macht einen Schlenker nach links, stößt dort auf den Landwehrkanal und prallt wie die Kugel beim Billard – Einfallwinkel gleich Ausfallwinkel – nach Südwesten zurück.

Möckernbrücke Umsteigen zur U 1. Kommt man aus der Tiefe, ist man erstaunt, daß man auf einen brückenähnlichen Gang gerät und in die trüben Wasser des Kanals hinunterstarrt. Ab und an kommt ein weißes Schifflein angeschwommen, und die Leute winken herauf. Da kann man nicht möckern.

Yorckstraße Hier befinden wir uns noch immer im Krieg gegen Napoleon, denn der Namenspatron dieser Station ist der preußische Feldmarschall Ludwig Graf Yorck von Wartenburg (*1759, †1830), der im Feldzug gegen Rußland ein Hilfskorps befehligt hat, das die Preußen Napoleon I. zur Verfügung stellen mußten, und der am 30. Dezember 1812 mit dem Neutralitätspakt von Tauroggen quasi zu den Russen übergegangen ist. Wir können nur zur S-Bahn übergehen, in Fahrtrichtung vorn zur S 1 (Wannsee – Oranienburg), die eigentlich am Bahnhof Großgörschenstraße hält (auch das ein Schlachtenort), und »hinten raus« zum genuinen Bahnhof Yorckstraße und den Linien S 2 (Blankenfelde – Waidmannslust) und S 25 (Lichterfelde Süd – Hennigsdorf), was nicht nur Auswärtige verwechseln. Viele schreiben auch York (Stadt in England, Herzogstitel einer Nebenlinie des englischen Königshauses) statt Yorck.

Kleistpark Zur Besatzungszeit war hier das Alliierte Kontrollratsgebäude für Groß-Berlin, heute steigt man aus, wenn man zur BVG-Hauptverwaltung will oder zum Shop der Souvenirs (beispielsweise um dieses Buch zu kaufen), **Eisenacher Straße** fährt man nur so durch, es sei denn, man feiert irgendwo Geburtstag, wie wir jeweils am 16. Dezember bei H. St. in einer der originellsten Wohnungen Berlins, und auf der Station **Bayerischer Platz** steigt man um in die U 4, was jedoch kaum einer tut.

Berliner Straße Hier hingegen wird massenweise umgestiegen, nämlich in die U 9 (Osloer Straße – Rathaus Steglitz). Dies ist ein Genuß für all jene, die gerne Rugby oder American Football spielen wollen, es aber noch nicht gewagt haben, bei einem der Vereine vorzusprechen. Da es keinen Ball gibt, muß man dessen Funktion gleich mit übernehmen, und das große Glück eines Touch Down hat man dann, wenn man sich selber hinter der zuschnappenden Tür eines überfüllten Zuges abgelegt hat.

Blissestraße Hier sehen Sie, wie eine U-Bahnstation im statu nascendi aussieht, im Rohbau nämlich, bevor man die Wandfliesen anbringt, denn die sind auf einer Seite sämtlich abgefallen. Und anstatt die alte und kostenaufwendige Minimalmethode anzuwenden und den nackten Beton in der alten Kachelfarbe zu streichen, irgendwie grau, hat man hier gewartet, bis sich Staub und Dreck abgesetzt haben und das authentische Flair eines existenzialistischen

Kellerlochs verbreiten – und dies völlig kostenlos. Ich bin hier öfter ein- und ausgestiegen, weil ich gern noch eine Steuer zahlen wollte: die Zweitwohnsteuer. Da ich immer davon spreche, noch einen dritten Daueraufenthaltsort beziehungsweise Lebensmittelpunkt zu haben, nämlich die Berliner U- und S-Bahn, wird mich bald die Drittwohnsteuer erreichen. Vielleicht kann ich Blissestraße einmal aus meinen Schlüsselkinderinnerungen lesen. Hier hat man wirklich das Gefühl, der Krieg sei eben erst zu Ende gegangen.

Fehrbelliner Platz Umsteigen zur Linie 1, die den wesentlich schöneren Bahnhof hat. Hält mein Zug Fehrbelliner Platz, so springe ich immer vom Sitz und reiße die Arme jubelnd hoch wie bei einem Hertha-Siegestor, um die Meisterleistung an dialektischer Chuzpe zu würdigen, die die hier bis kurz nach der Wende ansässige eine Fachaufsicht meiner Fachhochschule zustande bringt: Ist einerseits das ständige und hingebungsvolle Bemühen, aus der fortschrittlichsten und reformorientiertesten Institution der Bundesrepublik wieder eine Beamtenkadettenanstalt altpreußischen Stils werden zu lassen, unübersehbar, fordert sie andererseits lauthals eine gründliche Verwaltungsreform.

Zu **Konstanzer Straße** fällt mir nichts ein; in der Nähe der Station **Adenauerplatz** gab und gibt es auffallend viele Firmen der TV-Filmproduktion, und ich bin hier öfter klopfenden Herzens ausgestiegen, wenn eine Drehbuchbesprechung anstand (zum Beispiel für »Die Klette«, »Happy End durch drei« und meine beiden Folgen in Hubys »Mona Moretti«-Serie); **Wilmersdorfer Straße** geht es nicht nur zum Einkaufen, sondern auch zum »Kant-Kino«, und des öfteren bin ich von hier aus zum Signieren im Karstadt-Kaufhaus gelaufen, das nun auch geschlossen worden ist; **Bismarckstraße** ist umzusteigen in die Linie 2 (Ruhleben – Vinetastraße); **Richard-Wagner-Platz** ist neu gebaut worden und nicht zu verwechseln mit der Station, von der aus ich früher zu meiner Tante Gerda gelaufen bin (siehe oben); **Mierendorffplatz** ist für mich nur erwähnenswert als einer der Rainer-G.-Rümmler-Bahnhöfe, die hier an der U 7 so gehäuft auftreten wie sonst nur am nördlichen Ende der U 8; **Jungfernheide** kann neuerdings in die S 4 umgestiegen werden, auch kann man schnell die Spree überqueren und sich von Norden her dem Park des Charlottenburger Schlosses nähern; **Jakob-Kaiser-Platz** ist umzusteigen in den Flughafenbus; **Halemweg** ist eine Quantité negliable; und **Siemensdamm** kann nicht umgestiegen werden, denn die alte S-Bahnlinie zwischen Jungfernheide und Gartenfeld, die sogenannte »Siemensbahn«, wird es wohl nie wieder geben.

Rohrdamm Hier wäre ich 1957 ausgestiegen, um zur Siemens-Werkschule zu eilen, wenn es denn da die U-Bahnlinie 7 schon gegeben hätte. So bin ich mit der S-Bahn angereist und habe über diese Fahrten und meine Leiden als Lehrling schon in »Einsteigen bitte, Türen schließen!« berichtet. So sitze ich vierzig Jahre später ganz ruhig im Zug, zucke aber doch zusammen, als ich beim Hinweis auf die Ausgänge *Nonsensdammallee* lese. Wie …? Nonnendammallee natürlich. Aber bei mir im Kopf beginnt es zu rattern. Ich wollte doch der BVG schon längst einmal mitteilen, daß einige ihrer Bahnhofsnamen fehlerhaft sind. Meine Vorschläge für die Umbenennung von U-Bahnhöfen finden Sie am Ende der Fahrt mit der U 7, also hinter dem Bahnhof Rathaus Spandau.

Paulsternstraße Liegt zwar im weiten Laubenpieperland und inmitten der Industrielandschaft zwischen Spree und Berlin-Spandauer Schiffahrtskanal, und dennoch steige ich hier ab und an mal ein, dann nämlich, wenn ich schnell von Frohnau nach Kladow will, mir in Tegel aber der 133er Bus vor der Nase weggefahren ist und ich die Strecke bis zur U 7 per Taxe überbrücke.

Haselhorst Dort steige ich immer ein, wenn ich mit dem 133er Bus nach Spandau will, oben in der ersten Reihe sitze und sehe, daß es auf der Straße am Juliusturm zur Staubildung kommt. Dann schnell rausgesprungen und in die U-Bahn rein, den Stau unterfahren.

Nahe dem Festungsbauwerk aus dem 16. Jahrhundert, der Zitadelle, liegt die gleichnamige U-Bahnstation, die trotz des rustikalen Ambientes nur 15 Jahre alt ist.

Zitadelle Gott, was zittere ich da immer, wenn ich aus der U-Bahn steige, denn das Ersteigen des Juliusturmes ist für einen Menschen wie mich, der mit einer fast behandlungsbedürftigen Höhenangst gesegnet ist, eines der letzten großen Abenteuer der Menschheit. Anfangs, immer an der Wand entlang, geht es ja noch, wenn dann aber ganz oben der Laufsteg kommt, der quer durch die Rundung geht, dann brechen mir die Knie fast weg, und am liebsten würde ich auf allen Vieren der Öffnung entgegenkriechen, die hinaus ins Freie führt, auf die Plattform oben. Geschafft. Gerettet. Aber kaum stehe ich dort oben, so denke ich schon wieder an die Schrecken des Rückweges. Nix da mit Genießen des weiten Blickes übers Havelland bis hin nach Ribbeck. Am liebsten würde ich mich für immer einnisten hier oben, der Horst in seinem Horst. Am schlimmsten aber war es an einem schönen Maientag des Jahres 1981, als Freund Thomas Diebold, Sportlehrer seines Zeichens, auf der Brüstung Handstand machte. Ganz cool stand Ingrid, seine Frau, daneben, beider Sohn im Arm: »Patrick, gleich wirst du keinen Vater mehr haben.« Nun, objektiv gesehen war Thomas dem Tod nicht so nahe wie ich der Ohnmacht. Zwar bekam ich mich wieder in den Griff, als er einen tadellosen Abgang von der Brüstung hingelegt hatte, Note 9,85, dann beim Abstieg jedoch kam ich nur zentimeterweise voran, hätte schreien können vor Absturzangst, mußte aber der Kinder wegen heldenhaft tun. Es waren wirklich Minuten des Schreckens. An die muß ich wohl auch im Mai 1997 gedacht haben, als zur Lesung aus meinem historischen Roman »Der letzte Askanier« über zweihundert Gäste im alten Gemäuer der Zitadelle Platz genommen hatten und mir der Satz entfuhr: »Mit so vielen Menschen hätte ich erst bei meiner Beerdigung gerechnet.«

Altstadt Spandau Aussteigen zum Weihnachtsmarkt, dem schönsten in Berlin, sofern man Spandau als Teil Berlins verstehen will. Hier sind wir ausgestiegen und haben die dickste meiner Westen gekauft, die später meinem Sohn im besetzten und folglich unbeheizten Haus in der Ackerstraße so gute Dienste leisten sollte. Hier, an der Nikolaikirche, ist besagter Thomas Diebold eines Nachts fast festgenommen und als Sittenstrolch gelabelt worden. Wie das – ist er doch als guter und stets hilfsbereiter Mensch weit und breit bekannt, als der gute Samariter. Eben deswegen. Geht er also des Nachts auf dem

Wege zur letzten U-Bahn hier entlang und hört im Dunkel neben der Kirche eine Frau fürchterlich stöhnen. Ein Überfall, schießt es ihm durch den Kopf, das Opfer im Sterben. Oder ein Herzinfarkt. Nichts wie hin. Er spurtet los und sieht die Schemen einer Frau, wohl an der Kirchtür lehnend. Thomas zieht sie hoch, will Polizei und Feuerwehr rufen. Da haut ihm das Opfer gewaltig eine runter und setzt an, um Hilfe zu rufen. Die Gute war weder überfallen worden, noch hatte sie einen Kreislaufkollaps erlitten, sondern sich nur mit vollen Gedärmen eben mal neben die Kirche gehockt und dann aufstöhnend alles fahren lassen …

Rathaus Spandau Von Rudow bis hierher hat es 59 Minuten gedauert. Nicht schlecht, wenn man bedenkt, daß man es in dieser Zeit im Flugzeug von Berlin bis nach Frankfurt/Main gebracht hätte. Oft bin ich hier hinausgelaufen, um mit dem 134er Bus zu Max oder mit dem 135er zu Jürgen Dittberner nach Kladow zu fahren. Die einmal geplante U-Bahnstrecke nach Kladow, die F III, wird es ja nach menschlichen Ermessen vor dem Jahre 2098 nicht geben. »Alles ausscheiden, Zug verendet hier!« Wie …? Irgendwie muß ich mich verhört haben! Oder …? Auf welchem Wahnhof bin ich hier …? »Nach Nonsensdammallee vom gegenüberliegenden Warnstreik.« Ich glaub', ich spinne …

Nonsensdammallee – oder die dringend notwendige Umbenennung von 22 Berliner U-Bahnhöfen

Die lange Reihe der falsch benannten beziehungsweise geschriebenen Berliner U-Bahnhöfe ist ein einziges Ärgernis. Mal ist die mangelhafte Orthographie der BVG-Bediensteten die Ursache, mal die unglaubliche Ignoranz gegenüber historischen Tatsachen. Mit ein bißchen Nachdenken in der Potsdamer Straße hätte man diese Pannen durchaus vermeiden können. Ich bitte also nachdrücklich, die neuen Stationsnamen in die Netzspinnen aufzunehmen und für die Anbringung der korrigierten Schilder auf den entsprechenden Bahnhöfen baldigst Sorge zu tragen. Es muß nämlich heißen:

Am Rumer statt Amrumer Straße
Meines Wissens hat da, wo Sie diese Station im Verlauf der U 9 heute finden, also mitten im Wedding, die Insel Amrum nie gelegen. Dafür aber hat es hier den Rumer gegeben (mittelhochdeutsch: Raumbeherrscher), einen aus Backsteinen gemauerten Rundturm ähnlich dem »Grütztopf« bei Stolpe (Kreis Angermünde), der von Bürgern der Doppelstadt Berlin und Cölln 1404 errichtet worden ist, um den Raubrittern des Dietrich von Quitzow Paroli bieten zu können und das Forttreiben der Berlin-Cöllnischen Kühe von den Berlin-Cöllnischen Weiden zu verhindern.

Alex-Sander-Platz statt Alexanderplatz
Der Name des Platzes hat nämlich, entgegen der gängigen Ansicht, nicht das Geringste mit dem russischen Zaren Alexander zu tun, sondern ist eine Hommage an den großartigen Berliner Schauspieler Alex Sander (*1893, †1964), der Träger des Tieflandringes ist und 1968 den »Oscar« für die beste Charakterrolle in dem deutschen Spielfilm »Claire Grube« erhalten hat.

Dan-Zieger-Straße statt Danziger Straße
Nicht die polnische Hafenstadt ist Namensgeberin dieser Station, sondern der in Polen geborene amerikanische Romancier und Lyriker Dan Zieger (*1901, †1964), der für sein dreiblättriges Werk »Klee auf dem Chimborazo« 1967 den Kriegspreis des deutschen Tuchhandels bekommen hat.

Folterstraße statt Voltastraße
An dieser Stelle im Streckenverlauf der heutigen U 8 hat der preußische »Soldatenkönig« Friedrich Wilhelm I. (*1688, †1740) seine »Langen Kerls« für ihre Vergehen Spießruten laufen, also foltern lassen. Da dies nun bestimmt nichts mit Stromstößen zu tun hatte, ist die irrtümliche Schreibweise – Volta statt Folter – schwer verständlich und läßt auf eine etwas verquaste Psyche des verantwortlichen BVGlers schließen. Wahrscheinlich stammt er auch noch aus Bremen, wo man ja Vegesack wie Fegesack und nicht wie Wegesack ausspricht.

Frank-Furter-Allee statt Frankfurter Allee
Diese Station ist eigentlich benannt nach dem deutschen Chemiker Frank Furter (*1795, †1867), dem Entdecker des Anophilins und anderer organischer Verbindungen. Furter hatte sein erstes Labor in Berlin unweit der fraglichen U-Bahnstation, wo es 1945 bei einem Bombenangriff zerstört wurde.

Franz-Ösisch-Straße statt Französische Straße
Dieser U-Bahnhof hat absolut nichts mit etwas Französischem zu tun, eher im Gegenteil, denn Franz Ösisch (*1841,†1924) stammt aus dem Warthegau und gilt mit seinem 1902 erschienenen Kult-Kochbuch »Aus Pott und Pann« als Vater der Deutschen Küche schlechthin, lautete doch sein Motto: »Der Mensch ist, was er ißt, und wer ein rechter Deutscher sein will, der muß auch Deutsches essen.«

Friedrich-Wilhelm-Platz-Platz statt Friedrich-Wilhelm-Platz
Verständlich ist es schon, daß die Namensgeber dieses Bahnhofs a. an einen der preußischen Könige gedacht haben (die Friedrich Wilhelme I bis IV gab es ja zur freien Auswahl) und b. die Doppelung des Wortes Platz vermeiden wollten, die in der Tat absurd erscheint. Doch die Wahrheit ist nun einmal die, daß der preußische Rittmeister Friedrich-Wilhelm Platz (*1761, †1818) im März 1815 an der Stelle, wo sich heute die besagte U-Bahnstation befindet, eine Munitionsfabrik errichtete, die sich alsbald auf eine besondere und von Platz erfundene Art von Patronen spezialisierte und damit Weltruhm erringen konnte: die Platzpatronen, also Patronen mit einem Geschoß aus Holz oder Papier, das kurz nach Verlassen des Laufes zerplatzt und vor allem zu Übungszwecken verwendet wird. Die Pazifistin Bertha von Suttner (*1843, †1914) dankt ihm in ihrem berühmten Roman »Die Waffen nieder!« mit den Worten »Platz' Patronen töten nicht!« ausdrücklich für seine Erfindung.

Hans-A.-Platz statt Hansaplatz
Hans A. steht für Hans Apel, den bundesdeutschen Verteidigungsminister (1978 bis 1982) aus Hamburg, der sich Anfang der achtziger Jahre erfolglos um das Amt des Berliner Regierenden Bürgermeisters beworben hat. Sozusagen als Trostpflaster für ihn hat dann der frühere Bahnhof Hansaplatz seinen Namen bekommen.

Heide-L.-Berger-Platz statt Heidelberger Platz
Der Platz verdankt seinen Namen nicht etwa der berühmten Stadt am Neckar, sondern, wie der bekannte Berliner Heimatforscher Arthur Gabun (»Atze kennt sich aus«) überzeugend nachgewiesen hat, der Hochspringerin Heide Louise (L.) Berger (*1902, †1945), die als erste Deutsche die Höhe von 1,75 Meter überwunden hat. Von Diether Huhn wird sie in seinem sehr empfehlenswerten Buch »Neunundneunzig Berliner Spaziergänge« als Widerstandskämpferin gewürdigt, weil sie, die ausgemachte Favoritin für den Gewinn der Goldmedaille bei den Olympischen Spielen 1936 in Berlin, nur drei ungültige Versuche über die Anfangshöhe von 1,25 Meter zustande brachte und den Sieg der Ungarin Ibolya Czak (1,60 Meter, im Stichkampf 1,62 Meter) überließ – »eine Goldmedaille weniger für den Führer«.

Ing.-Schill-Straße statt Schillingstraße
Mit dieser Station an der U 5 soll an sich weder an die österreichische Währung noch irgendeinen Kommunalpolitiker erinnert werden, sondern vielmehr an den Freiheitskämpfer Ferdinand von Schill (*1776, †1809), der sich mit seinem Husarenregiment gegen Napoleon I. erhob und in Stralsund im Straßenkampf fiel. Die Bezeichnung als Ingenieur (Ing.) geht auf einen Irrtum des Historikers Friedrich von Breitzke (*1834, †1896) zurück, der in einer alten Handschrift das Maj. (für Major, der Schill in Wahrheit war) fälschlicherweise als Ing. gedeutet hat.

Jan-Nowitz-Brücke statt Jannowitzbrücke
Richtig wäre die fragliche Station der U 8 nach dem deutschen Juristen und Mundartpoeten Jan Nowitz (*1806, †1868) zu benennen, der von Jürgen Dittberner in seinem Buch »Neuer Staat mit alten Parteien?« als einer der geistigen Väter der F. D. P. bezeichnet wird. Dies, weil er in einem seiner Theaterstücke – als eine Jungfrau noch zögert, welchen von den beiden Söhnen sie nun nehmen soll – den Vater der Zwillinge Theodor und Hans-Jürgen Rahl, immer wieder ausrufen läßt: »Egal, Hauptsache: lieb e Rahl.«

-ky-Allee statt Wutzkyallee
Daß die BVG mich, der ich in Neukölln aufgewachsen bin und diesem Bezirk mit meinen Büchern diverse literarische Denkmale gesetzt habe, mit der Benennung dieser Neuköllner U-Bahnstation nach meinem Kürzel beziehungsweise Pseudonym derart geehrt hat, erfüllt mich mit tiefer Freude und Dankbarkeit. Nur leider hat man übersehen, daß ich nicht Wutz, sondern Horst mit Vornamen heiße.

Leo-Pold-Platz statt Leopoldplatz
Leo Pold (*1782, †1848) ist einer der sogenannten »Märzgefallenen« der Revolution von 1848, der aus dem Wedding stammt. Als begnadeter Komödiant ist er auf dem Hackeschen Markt erschossen worden, weil er den General Wrangel zu parodieren versuchte. Ihm zu Ehren hat der bekannte bayerische Kabarettist Franz-Xaver Strauß das Pseudonym Gerhard Polt gewählt.

Linda-Uer-Allee statt Lindauer Allee
Die deutsch-amerikanische Lyrikerin Linda Uer (*1908) hat, womit die Verwechslung zu erklären sein dürfte, von 1942 bis 1968 in der Lindauer Allee gewohnt und dort ihren Gedichtzyklus »Späte Winde« verfaßt. Zeitgleich mit der Verleihung der Ehrenbürgerschaft Nordberlins ist der Bahnhof Kienhorstpark am 24. November 1993 in Linda-Uer-Allee umbenannt worden (dazu Meyer-Kronthaler 1995).

Magda-Lehnen-Straße statt Magdalenenstraße
Magda Lehnen (*1882, †1968), mitunter auch Magda Lenen geschrieben, ist eine bekannte deutsche Pianistin aus Magdeburg, die bis zu ihrem Tode in Berlin-Lichtenberg insbesondere im Rahmen der »Volkssolidarität« aufgetreten ist und in der Bevölkerung fast kultische Verehrung genossen hat. Nach der Wende ist die Station Magda-Lehnen-Straße dann in Magdalenenstraße rückbenannt worden, weil die Musikerin als IM »Note« für die in der Nähe beheimatete Stasi lange Berichte geschrieben haben soll, was aber inzwischen als widerlegt gelten kann, da enge Freunde sie als ausgesprochene Legasthenikerin bezeichnen.

Max-Weber-Wiese statt Weberwiese
Das hier in Frage stehende Wiesengelände nördlich der Karl-Marx-Allee verdankt seinen Namen nicht etwa, wie man meinen könnte, der Tätigkeit eines Tuchwirkers, sondern verweist auf ein Picknick, das der berühmteste deutsche Soziologe, Max Weber (*1864, †1920), im Sommer 1917 zusammen mit seinem älteren Bruder Alfred (*1868, †1958), auch er ein

anerkannter Volkswirt und Soziologe, und einigen Freunden hier abgehalten hat, um über das letzte Kapitel von »Wirtschaft und Gesellschaft« zu diskutieren. Theodor W. Adorno (*1903, †1969), einer der Begründer der Frankfurter Schule und wichtiger Vertreter der Kritischen Theorie, ist als 14jähriger Knabe zufällig am Picknickplatz Weberwiese vorbeigekommen und durch die Begegnung mit dem berühmten Brüderpaar an die Soziologie geraten. Seinen Dank dafür hat er später durch das W. in seinem Namen zum Ausdruck gebracht; es steht für Wiesengrund.

Noll-Endorf-Platz statt Nollendorfplatz
Eigentlich benannt nach dem nordrhein-westfälischen Bundestagsabgeordneten Norbert Noll aus Endorf (†12. 1. 1939), der sich durch sein entschiedenes Eintreten für das Verbot von Tiefflügen russischer Düsenjäger über West-Berlin um die Stadt verdient gemacht hat und 1994 Ehrenbürger geworden ist. Um nicht ständig mit der Schriftstellerin Ingrid Noll (»Die Apothekerin«) verwechselt zu werden, die in Weinheim lebt und mit ihm nicht verwandt ist, nennt er sich – wie etwa Schmidt-Jortzig oder in früheren parlamentarischen Zeiten Schmidt-Vockenhausen und Schmidt-Schnauze – nach seinem Geburtsort, also Norbert Noll-Endorf.

Paul-Stern-Straße statt Paulsternstraße
Paul Stern (*1911, †1977) war Inhaber der Firma »Abriß-Stern« und hat sich mit der Beseitigung von Schloß, Bauakademie, Sportpalast, Anhalter, Görlitzer, Lehrter und Stettiner Bahnhof um die Entwicklung Berlins und die Stadtbildpflege verdient gemacht. Da, wo heute die nach ihm benannte Station gelegen ist, hat sich Ende Mai 1945 sein erster Firmensitz befunden. Von seinem außergewöhnlichen Weitblick zeugt auch die Tatsache, daß er schon 1976, kurz vor seinem Tode, den späteren Abriß der Deutschlandhalle und des Olympiastadions ins Auge gefaßt hat. Mit Stolz erfüllt hat ihn sein Ruf als »ungekrönter König der Berliner Abrißbarbaren«. Seine Gewinne aus dem Abrißgeschäft hat er gewinnbringend in den Bau von Luxus-Hotels investiert und damit neue Maßstäbe geschaffen. Die Kategorisierung von Hotels mit drei, vier oder fünf Sternen geht auf ihn zurück. Seine monumentale Grabstätte befindet sich im Tiergarten, siehe »Großer Stern«.

Resi-Denz-Straße statt Residenzstraße
Resi Denz wurde am 13. Februar 1949 in der Kopenhagener Straße 19, Bezirk Reinickendorf, als Resi Schaborowski geboren. Ein Jahr später ging ihre Mutter in die USA, wo sie als Frau eines GI, eines gewissen William (Bill) Dance, der Not im Nachkriegsdeutschland entfliehen wollte. Resi hat dann 1966 Break geheiratet, den jüngeren Bruder von Bill, der der Welt den später nach ihm benannten Modetanz mit betont rhythmischen, artistischen und roboterhaft pantomimischen Einlagen schenken sollte, den sogenannten Breakdance. Nach ihrer Trennung von Break kehrte Resi nach Berlin zurück, ließ ihren Namen eindeutschen (= Denz) und ist am 13. Februar 1984, ihrem Geburtstag (!), tragisch ums Leben gekommen, als sie in die Baugrube zur Verlängerung der U 8 von Osloer Straße nach Paracelsus-Bad fiel. Man nahm dies zum Anlaß, die dort geplante Station nach ihr zu benennen.

Rose-N.-Thaler-Platz statt Rosenthaler Platz
Rose N(atalie) Thaler ist eine von Theodor Fontane in seinem 1878 erschienenen Roman »Vor dem Sturm« nicht namentlich erwähnte Figur, die mit der Hehlerin Hoppenmarieken in Hohen-Vietz an der Oder krumme Geschäfte macht, sich aber dann an der Befreiung des von den Franzosen inhaftierten märkischen Freiheitskämpfers Lewin v. Vitzewitz beteiligt, indem sie die Strickleiter fertigt, mit deren Hilfe er sich schließlich von einer Bastion der Küstriner Fe-

stung herablassen und entkommen kann (vgl. die Nymphenburger Taschenbuchausgabe, S. 591 ff.).

War-Shower-Straße statt Warschauer Straße
Am 14. November 1944, als mit Fortgang des Krieges (englisch: war) immer mehr Wohnungen durch alliierte Luftangriffe zerstört worden waren, ist auf Anordnung Hermann Görings an der Brücke über die S-Bahn die erste öffentliche Dusche (shower) Berlins errichtet worden. BBC London hat noch am selben Abend darüber gespottet und diese Einrichtung »war shower« genannt. Mit Befehl Nr. 31 des Alliierten Kontrollrates mußte diese Bezeichnung dann auch in die BVG-Netzspinne übernommen werden. Erst mit Gründung der DDR und im Verlauf des Kalten Krieges ist man wieder davon abgegangen. Der alte Stationsname aber sollte auf alle Fälle als Mahnmal wieder ins Bewußtsein der Öffentlichkeit gehoben werden.

Zita-Delle-Platz statt Zitadelle
Zita Delle (*1914, †1982) hat sich als Berliner Kommunalpolitikerin dadurch unschätzbare Verdienste erworben, daß sie nie ein Amt bekleidet hat. Mit diesem Nie-in-Erscheinung-Treten habe sie, so hieß es in der Laudatio bei der Einweihung der Station Zita-Delle-Platz, der Stadt großen Schaden erspart. Ihr Beispiel sollte Schule machen.

U 8 Hermannstraße – Wittenau

Die U 8 ist im Bewußtsein der meisten Berliner immer eine der weniger wichtigen Linien gewesen und hat vom Mythos U-Bahn wohl am wenigsten abbekommen. Vielleicht mag das daran liegen, daß ihre Bauten geprägt sind von »Sachlichkeit und deutlich funktionsbezogener Gestaltung, die rein emotional ... eine gewisse Kälte vermittelt«, so in den »U 8 – Geschichte(n) aus dem Untergrund« (S. 15). Die Geschichte dieser Linie – von der Idee einer Schwebebahn in der Brunnenstraße über den Bau der GN-Bahn (Gesundbrunnen – Neukölln) bis zur angedachten Verlängerung nach Mittenwalde im Süden und Groß-Schönebeck im Norden – läßt sich hier genau nachlesen. Die U 8 ist zudem immer häppchenweise verlängert worden (vgl. Meyer-Kronthaler/Uwe Poppel 1994), und wo immer etwas angestückelt wird, das kann nicht so bedeutsam sein. Auch daß sie immer noch nicht ins Märkische Viertel führt, wird ihr angelastet, obwohl ja für diese Lachnummer andere verantwortlich sind, womöglich sogar diejenigen unserer wackeren Kommunalpolitiker/innen, die nun keine Bahnhöfe haben, die nach ihnen benannt werden können.

Linie U 8 (Hermannstraße – Wittenau)

Streckendaten (Großprofil)	
Linienlänge	18,0 km
Anzahl der Bahnhöfe	24
Fahrzeit	35,5 min
Reisegeschwindigkeit	30,5 km/h
Mittlerer Abstand zwischen den Bahnhöfen	786 m
Eröffnungen	
Hermannstraße – Leinestraße	13. 7. 1996
Leinestraße – Boddinstraße	4. 8. 1929
Boddinstraße – Schönleinstraße	17. 7. 1927
Schönleinstraße – Kottbusser Tor	12. 2. 1928
Kottbusser Tor – Neanderstraße (heute Heinrich-Heine-Straße)	6. 4. 1928
Neanderstraße – Gesundbrunnen	18. 4. 1930
Gesundbrunnen – Osloer Straße	7. 10. 1977
Osloer Straße – Paracelsus-Bad	27. 4. 1987
Paracelsus-Bad – Wittenau	24. 9. 1994
Streckenbeschreibung	
Hermannstraße – Wittenau (Tunnelstrecke)	

Wittenau (Wilhelmsruher Damm) Erst seit dem 24. November 1994 ist dies der nördliche Endpunkt der Linie 8. Ich steige oft hier um, wenn ich mit S-Bahn, Bus oder Taxe von Frohnau komme, und seine gelbgrünen Farben erinnern mich immer ein wenig an die brasilianischen Fußballer, obwohl deren Hosen ja mehr ins Bläuliche gehen und Gelbgrün mehr auf Südafrika oder Australien hindeuten sollte. Aber die spielen keinen so zauberhaften Fußball. Ansonsten heißt diese Station bei mir nur »der 9-Minuten-Bahnhof«, weil mir beim Nur-alle-zehn-Minuten-Takt die Züge immer gerade vor der Nase wegfahren und ich ewig hier zu warten habe. Und sehr anregend ist dies nicht. Der Blick auf die Abstellgleise entschädigt ein wenig, aber dennoch: Hier ist es immer irgendwie öd und leer. Man hat das Gefühl, die Strecke ist noch gar nicht eröffnet, sondern nur mal eben zur Besichtigung freigegeben. Es riecht auch noch alles

U-Bahnhof Franz-Neumann-Platz (Am Schäfersee) im Mai 1987, wenige Tage nach seiner Inbetriebnahme.

so neu und wirkt wie ein Musterhaus, das zwar recht hübsch ist, in dem man aber auf keinen Fall jemals wohnen möchte. Dafür bekommt man im Zug immer einen wunderschönen Sitz- und Fensterplatz.

Auch **Rathaus Reinickendorf, Karl-Bonhoeffer-Nervenklinik** und **Lindauer Allee** sehen so aus, als hätte man die Reinickendorfer Abiturienten im Kunstunterricht anhand eines schönen Baukastens mal so richtig kreativ sein lassen, ohne ihnen zu sagen, daß in ihren Bauwerken einmal U-Bahnzüge fahren würden. »Det is allet zu schön für den Zweck, wa!«, möchte man ausrufen. Aber das Geld dafür haben wir ja. Wenn nicht, läßt es sich bei der Bildung und den Kindertagesstätten leicht wieder einsparen. Bin ich da ungerecht? Wenn ja, werde ich in der zweiten Auflage, so es sie gibt, gegenteiliger Meinung sein und über den alten Grenander herfallen, der für mich schlechthin die Berliner U-Bahn ist. Außerdem ist es auf dieser Strecke so leer, daß ich mich frage, ob dieses Fahrgastaufkommen nicht auch mit einem Doppeldeckerbus zu bewältigen wäre. Immerhin eröffnet mir die Leere die Chance, durch den Zug zu wandern, ohne aufzufallen. »Tür-Notöffnung. Bei Türstörung Griff ziehen, dann Tür von Hand öffnen.« Das beruhigt, denn statt der altbekannten Griffe gibt es ja an den Türen des Wagens 3012, in dem ich reise, nur grüne Druckknöpfe.

Paracelsus-Bad Hier war vor Wittenau die Endstation der von Süden her anrollenden Züge. Der richtige Berliner sagt übrigens Paracels*i*us-Bad; so stand es gleich nach der Wende auch auf manchem improvisierten Pappschild auf den ehemaligen Geisterbahnhöfen (Bernauer bis Heinrich-Heine-Straße).

Über **Residenzstraße** ärgere ich mich zufälligerweise einmal nicht, dafür über **Franz-Neumann-Platz (Am Schäfersee)** um so mehr, denn dieser Franz Neumann war der Vordermann der rechten Keulenriege in West-Berlins Frontstadt-SPD – aus der ich seit 1964 immer noch nicht ausgeschlossen worden bin –, in meinen Augen dumpf und bieder bis zum geht nicht mehr, ein Funktionär der schlimmsten alten Schule. Hier steige ich aus Prinzip nie ein noch aus. »Herrschaft *ist* im Alltag Verwaltung«, heißt es bei Max Weber, und die Verwaltung legt die Stationsnamen fest.

Osloer Straße Damit jeder merkt, daß Oslo etwas mit Norwegen zu tun hat, zeigen die Wände x-mal hintereinander die Flagge der Nordländer. An dieser Station ist umzusteigen in die orangefarbene U 9, die hier ihren Anfang nimmt, und die neue Niederflurstraßenbahn, die wieder durch West-Berliner Straßen rauscht. Oft steige ich hier um und bin dennoch ein jedes Mal so orientierungslos wie damals als Kind beim Blindekuhspielen, wenn sie mich, die Augen verbunden, mehrmals um mich selbst gedreht hatten.

Pankstraße Ist nur auszusteigen, wenn man Möbel kaufen will.

Gesundbrunnen In meiner Kindheit war das der nördliche Endpunkt der Linie D, blau in der Netzspinne. Gesundbrunnen – Leinestraße, so und nicht anders kannten wir das und waren der Ansicht, daß es auch bis in alle Ewigkeit so bleiben würde. Umsteigen zu den S-Bahnlinien 1, 2 und 25. In den neunziger Jahren hatten sie den direkten Verbindungstunnel zur S-Bahn wieder halbwegs hergerichtet und freigegeben für uns Beförderungsfälle, bald aber wegen Wassereinbruchs wieder schließen müssen. Seit Anfang März 1998, mit Fertigstellung des neuen Bahnsteigs der S-Bahn, ist es nun wieder soweit. Mit den zwei Säulenreihen ist diese Station dem Meister Grenander ein wenig mißraten. »Alfred, setzen, Fünf!« Aber wir sind ja hier noch unter der S-Bahn, die ihrerseits schon in Tieflage gebaut worden ist. Darum hat Gesundbrunnen auch eine so wunderschöne lange Rolltreppe. Steht man oben, fühlt man sich wie ein Skispringer auf der Schanze. Damit die Kids nicht wirklich hinunterrasen, hat man kleine Messingkegel aufs blanke Aluminiumblech zwischen den beiden rollenden Treppen geschraubt.

Voltastraße Früher bin ich hier ausgestiegen, um zum Frühstücksfernsehen des RIAS-TV zu eilen, heute geht es noch zur DW, zur Deutschen Welle, aber auch zu Ottomar, meinem Augenarzt und gelegentlichen Wandergenossen, wie seine Frau aus Neukölln stammend.

Bernauer Straße Läßt automatisch an die Mauer denken und war lange Zeit kachellos, erstrahlt nun aber wieder im Glanze neuer Fliesen.

Rosenthaler Platz Zweimal nur bin ich in meinem langen Leben hier ausgestiegen. Einmal, um mit Jan Eik zusammen in der nahen Ackerstraße im Rahmen einer Fortbildungsveranstaltung jungen Autor/innen zu sagen, wie man einen Krimi schreibt (als ob wir das wüßten), und ein zweites Mal um in der Buchhandlung Starick etwas vorzulesen.

Weinmeisterstraße In meinem Roman »Brennholz für Kartoffelschalen« spielt diese Station eine entscheidende Rolle. Da kommt mein Held Manfred Matuschewski im Sommer 1947 mit seiner Oma aus Schmöckwitz und trifft seine Mutter auf dem Bahnhof Jannowitzbrücke. Ihr Ziel ist das St.-Hedwigs-Krankenhaus in der Großen Hamburger Straße, wo sein Vater liegen soll, gerade heimgekehrt aus sowjetischer Kriegsgefangenschaft. Jannowitzbrücke sind sie von der S- in die U-Bahn gestiegen. Manfred hat aber Angst, daß das nur ein Trick ist, damit er ohne großes Theater in eine »Erziehungsanstalt« gebracht werden kann.

Ursprünglich war dieser Ausgang in das dahinter liegende Gebäude integriert. Nach der Zerstörung des Gebäudes im Weltkrieg entstand auf dem Eckgrundstück die heutige Neubebauung. Der ehemalige Fußgängertunnel endet an der Wand zum Weinkeller des Restaurants. 1995 konnte dann direkt vor der Gaststätte ein neu gebauter Zugang eröffnet werden.

Seine innere Erregung wurde dadurch etwas gemildert, daß er die U-Bahnlinie D (Gesundbrunnen – Leinestraße) wenig benutzte und folglich die hier eingesetzten Wagen vom Typ C tüchtig bestaunte. Mit ihrer hochgesetzten Zielanzeige und den kleinen Lampenrundungen hatten sie ein sehr hochmütiges Gesicht, und er mochte sie nicht sonderlich. Es waren nur zwei Stationen. Nach Alexanderplatz kam schon Weinmeisterstraße, blau gekachelt wie ein Schwimmbad. (S. 273)

Krankenhauserinnerungen ... Nach einer schweren Bandscheibenoperation im Oktober 1991 bin ich oft mit der U 8 von Gesundbrunnen bis Boddinstraße gefahren, und gerade hier zwischen Weinmeisterstraße und Alexanderplatz hat es so schlimm gerüttelt und geschüttelt, daß ich oft vor Schmerz aufgestöhnt habe und aufstehen mußte.

Alexanderplatz Vermittelt einem, was den Bahnhof der U 8 betrifft, das Gefühl, sich in einem großen Schwimmbecken zu befinden, aus dem man gerade das Wasser abgelassen hat. Speisen kann man hier, sich mit Geprintetem eindecken und den U-Bahnern zusehen, wie sie da in ihrer Kanzel sitzen, die Bildschirme beobachten und die Züge abfertigen. Zur Geisterbahnhofzeit, erinnere ich mich, war der nördliche Teil des Bahnsteigs mit Rüdersdorfer Kalksteinen zugemauert. Umsteigen zu den Linien 2 (rot) und 5 (braun). Kompaß nicht vergessen! Eine kleine Geschichte fällt mir wieder ein. Da bin ich Mitte Januar 1998 am späten Nachmittag mit der U 5 von Friedrichsfelde gekommen, um Alexanderplatz in die U 8 umzusteigen. Auf der Rolltreppe nach oben werde ich von fünf Jugendlichen eingekesselt, die allesamt so aussehen wie jene, die ich bei meinen Interviews in der Jugendhaftanstalt Plötzensee kennengelernt habe. Nähere Angaben zu ihnen mache ich nicht, weil das multikulturelle Orientierungen konterkarieren würde. Allen Ängsten, Klischees und Prognosen zum Trotz habe ich, als wir oben angekommen sind, weder ein Messer im Rücken noch den Verlust meines Geldes schmerzvoll zu registrie-

Die vier Bahnsteige des Umsteigebahnhofs Alexanderplatz – hier die der Linie U 5 – sind mit einer Vielzahl von Treppen miteinander verbunden.

ren. Die Gruppe zieht weiter und sieht an der nächsten Treppe, abwärts zur U 8, wie zwei schmächtige Frauen Mühe mit einem übergroßen Kinderwagen samt Inhalt haben. Meine Freunde schwärmen nun um die beiden Frauen herum, und ehe die sich versehen haben, bieten sie schon ihre Hilfe an, heben den Kinderwagen hoch und machen sich mit schnellen Schritten auf den Weg nach unten. »Den Kleenen siehste nich mehr wieda!« ruft die eine Frau, die sicherlich in einer der volksbildenden Illustrierten etwas über Kinderhandel gelesen hat. Doch brav wird der Wagen abgesetzt, und dann nimmt die Gruppe im Zug ganz in meiner Nähe Platz. Und wieder kesselt sie jemanden ein, diesmal eine Frau von etwa vierzig Jahren. Gespannt beobachte ich die Szene, schon darauf vorbereitet, später vor Gericht einmal einen guten Zeugen abzugeben, ein wenig schwitzend auch, denn wenn ich mit meinen fast sechzig Jahren gezwungen wäre, da einzugreifen ... Doch die Frau entschärft die Situation, indem sie sich plötzlich lächelnd an den Boß der Gruppe wendet: »Dich kenne ich.« – »Woher ...?« – »Vom Gericht ...« Und dann schildert sie die Verhandlung, in dem der Jugendliche wegen einer Messerstecherei angeklagt gewesen ist. Friedlich sind alle, als ich Osloer Straße aus- und umsteige. P. S.: Das Ganze ist, wie im Film, von einem Querflötenspieler eingerahmt beziehungsweise begleitet worden, dem ich aber keine Mark geben konnte, da ich dies hier alles notieren mußte. Daß uns ein Obdachloser während dieser Fahrt auch noch seine *Motz* verkaufen wollte, unterschlage ich ebenfalls. Das wissen Sie ja, daß das ein Selbsthilfeprojekt ist, der Verkäufer die Hälfte der zwei Mark bekommt und daß man das Geld benötigt, um eine weitere Unterkunft herzurichten.

Jannowitzbrücke Als Geisterbahnhof ist er mir in seinen schmutziggelben Farben in Erinnerung und dann, 1989, als eine der ersten neuen Grenzkontrollstellen. Im Zwischengeschoß saßen die Grepos an schnell hingestellten Tischen, und die Zugänge waren säuberlich getrennt nach EINREISE und AUSREISE. Steht man am südlichen Bahnhofsende, so sieht man, wie die Gleise tief in eine Mulde gehen: Die Spree muß unterfahren werden. Wenn in diesem Augenblick die Tunneldecke bricht und die Flutwelle angeschossen kommt ... Wenn Sie dieselben Ängste haben, dann lesen Sie vorher den Artikel »Wehrkammeranlagen der U-Bahn« von Jürgen Meyer-Kronthaler in den *Berliner Verkehrsblättern* vom November 1995 (S. 219).

Heinrich-Heine-Straße Bis 1960 war das **Neanderstraße**, und nachdem ich in den klugen Büchern meiner Schmöckwitzer Oma aus dem sozialdemokratischen Arbeiterbildungsverein etwas über die Neandertaler gelesen hatte, glaubte ich zeitweilig, diese Vorläufermenschen hätte auch hier in Berlin gesiedelt. Und warum man ausgerechnet diese selten häßliche Straße oben, eine Unstraße eigentlich, nach Heinrich Heine benannt hat, ist nur mit einem lauten »Ha-ha« zu kommentieren. Welche Absichten mögen da dahinterstecken ...?

Moritzplatz Als Vierjähriger bin ich da ab und an ein- und ausgestiegen, weil meine Mutter in der nahe gelegenen Kommandantenstraße in der Büromöbelhandlung von Schaudin & Co. gewirkt und mich oft zur Arbeit mitgenommen hat. In meiner Erinnerung sieht der Platz so aus, wie Plätze heutzutage nur noch in Wien, London, Paris oder Madrid aussehen, beherrscht vom Komplex des Wertheim-Kaufhauses, dessentwegen die U-Bahn, die eigentlich über die Dresdener Straße zum Kottbusser Tor geführt werden sollte, extra verlegt worden war. Später war hier – oder Kottbusser Tor – auszusteigen, wenn ich meine Mutter an ihrer neuen Arbeitsstelle, der AOK am Oranienplatz, aufsuchen wollte oder mußte.

Der Zweite Weltkrieg hatte viele Wunden gerissen, auch die U-Bahn war nicht verschont geblieben. Das Bild von 1945 zeigt die teilweise zerstörten Zugänge zur Station Moritzplatz.

U-Bahnhof Boddinstraße nur für Frauen? Nein, es ist nur dem geschickten Arrangement des Fotografen zu verdanken, daß dieser Eindruck entstehen konnte.

Kottbusser Tor »Haste ma 'ne Mark?« Die Ausgänge waren und sind fast immer verstellt. Hier bin ich zu Beginn der neunziger Jahre oft ausgestiegen, um meine große Liebe von ihrer Dienststelle abzuholen, die Adalbertstraße hoch. Einmal gehen wir essen, zum Italiener in der Nähe, und ich habe auf dem Oberschenkel dicke Flohstiche, die ich ihr unbedingt zeigen muß. Von meinem Hund oder von dem Stadtstreicher vorhin in der Bahn, das ist die Frage. Egal. »Kennst du dich da aus?« Wir sind allein im Ristorante. Ich knöpfe meine Hose auf und lasse sie herab, um H. (Name ist der Redaktion bekannt) die vom Kratzen geröteten Flatschen begutachten zu lassen. Sie beginnt sie abzutasten, da steht plötzlich der Wirt, aus einer Art Tapetentür gekommen, vor uns, scheinbar außerordentlich sittenstreng, denkt sofort das Falsche und ... Lassen Sie mich lieber fortfahren.

Schönleinstraße Steigen wir, H. und ich, jetzt öfter aus, um ihre Eltern zu besuchen. Blumen gibt es im Zwischengeschoß in einem Laden, der früher so klein war, daß man draußen warten mußte, während man seinen Strauß gebunden bekam. Sie wissen schon, daß ich etwas gegen Umbenennungen habe, und wie mußte ich da wieder toben, als man 1951 aus Schönleinstraße **Kottbusser Damm** machte, was besonders hirnrissig war, da diese Straße ja ewig lang ist und eine Station, die so heißt, keinerlei Orientierungshilfe gibt. Seit 1992 heißt Kottbusser Damm nun wieder Schönleinstraße, wie schön.

Hermannplatz Siehe oben unter Linie 7. Nur ist der Bahnsteig der U 8 viel niedriger und quirliger. U-Bahn-Narren, nicht vergessen: In Fahrtrichtung rechts kann man kurz vor Hermannplatz die Verbindungskurve zur U 7 deutlich erkennen.

Boddinstraße Bin ich öfter mit klopfendem Herzen und – nein, das ist ein jugendfreies Buch – ausgestiegen, um in die Wohnung besagter H. zu eilen, einmal so schnell, daß ich über die letzte Treppenstufe stolperte, lang hinschlug und fast mit dem Kopf auf die Fahrbahn geriet.

Leinestraße Südlicher Endpunkt der Linie D beziehungsweise 8, solange ich denken kann. Stieg man hier zu Blockadezeiten ans Tageslicht, sah man oben die »Rosinenbomber« im Anflug auf Tempelhof. Die Warthestraße hinauf geht es zum Neuköllner Stadion, das damals im Bezirk ein Mythos und eine Kultstätte war: zuerst wegen der Radrennbahn und Fahrern wie Benno Funda, dem kleinen Wunder, Wüste Hoffmann, Grigat oder Schöpflin, dann wegen Tasmania 1900 mit Helden wie Posinski, Peschke oder Mauruschat. Auszusteigen war und ist aber auch zu Beisetzungsfeiern auf einem der vielen Friedhöfe hier oben. Einmal bin ich bis hierher gefahren, weil das ZDF mein Drehbuch »Happy End durch drei« angenommen hatte und man an der Oderstraße drehen wollte. An sich sollte die Dreiecksgeschichte in einem traumhaften Restaurant auf einer wunderschönen Insel in der Ägäis spielen, und als Höhepunkt des Ganzen sollte dieses Restaurant dann am Schluß in Flammen aufgehen. Aus Kosten- und anderen Gründen ist aus diesem Restaurant dann eine kleine blau-weiß gestrichene Holzbude in der Einflugschneise des Flugplatzes Tempelhof geworden …

Hermannstraße Da gab es in meiner Neuköllner Kindheit und Jugend keinen U-, sondern nur einen S-Bahnhof. Zwar reichte der Tunnel im Rohbau an den heutigen Bahnhof heran, doch eröffnet wurde der Endpunkt der U 8 erst am 13. Juli 1996 (vgl. *Signal* 5/96, S. 4–6). Im Zweiten Weltkrieg hatte der nördliche Teil des Bahnhofs als Luftschutzkeller zu dienen, die Aufschrift »Zu den Schutzräumen« ist heute noch zu sehen, unter Glas. Wieder einmal heißt es »Endstation, alles aussteigen«, und ein BVGler schreitet den Zug ab, um zu sehen, ob es auch alle getan haben.

Unter Glas liegen heute die letzten Zeugen aus jenen unseligen Zeiten, als Teile des zu Kriegsbeginn erst halbfertigen U-Bahnhofs Hermannstraße als Luftschutzbunker dienten. Heute kann der Fahrgast hier zur S-Bahn umsteigen.

U 9 Osloer Straße – Rathaus Steglitz

Starten wir zu unserer letzten Fahrt, denn die Linie 10 (Lichterfelde – Weißensee) gibt es ja noch nicht und wird es bis weit ins nächste Jahrtausend hinein auch nicht geben. Die U 9 wirkt immer ein wenig schmuddelig und kann als Nachweis dafür gelten, daß Berlin New York immer ähnlicher wird, ja werden muß, wenn es als Metropole gelten will. Sie ist irgendwie der Zoo-Zubringer-Shuttle. »Nach Rathaus Steglitz ...« – dramaturgisch wichtige Pause – »... einsteigen bitte ...« Ich sitze im Wagen 2591. Über meinem Kopf stehen die Anweisungen für mein »Verhalten bei Betriebsstörungen«. Schade, daß hier keine Stewardeß erscheint und mir sagt, wo sich die Notausgänge befinden und wann die Atemmasken ... Warum gibt es diese Begleiterinnen im U-Bahnwagen nicht, siehe Tunnelbrände. Beruhigt lese ich aber, daß das »Erlöschen der Zugbeleuchtung« keine Gefahr bedeutet. Was dann, was ist der Gegensatz von Gefahr? »Außerhalb der Bahnhöfe nicht eigenmächtig aussteigen. Lebensgefahr!« Das leuchtet mir ein. Außerdem freut es mich, daß ich einmal Macht in meinem Leben habe. Wenn auch nur über mein Eigen, also mich. »Bahnpersonal übernimmt Führung zum nächsten Bahnhof.« Ich sehe mich an die Hand genommen, und wie damals im Kindergarten laufen wir immer zu zweit auf den Schwellen entlang. »Ruhe bewahren. Bei außergewöhnlichen Vorkommnissen Anweisungen des Bahnpersonals abwarten.« Ich sehe meinen alten Schulfreund Gert R. nach Jahren wieder. Ein außergewöhnliches Vorkommnis, ganz zweifellos. Darf ich nun auf ihn zugehen und ihn umarmen – oder muß ich erst die Anweisungen des Bahnpersonals abwarten ...? Und das, wo heute kaum noch welches anzutreffen ist ... »Notruf – wenn Notbremse gezogen.« Bitte, ziehen Sie nicht, lesen Sie weiter. Und immer daran denken, daß die mißbräuchliche Benutzung der Notbremse strafbar ist. Ziehen Sie sie im Bahnhof, bleibt der Zug im Bahnhof stehen. Wo bleibt er aber stehen, wenn Sie sie im Tunnel ziehen? Nein, nicht im Tunnel, sondern auch erst im Bahnhof, im nächsten. Warum? Nicht, damit Sie in aller Ruhe ermordet werden können, sondern damit Sie nicht im Tunnel ersticken, wenn es brennen sollte. Auf was ist noch zu achten, wenn ich auf meiner letzten Reise bin ...? »Bei Türstörung ...« – dies rot und unterstrichen – »Klappe öffnen. Lufthahn schließen. Tür von Hand betätigen.« Nun, manchmal scheinen nicht alle Fahrgäste ihren (Ab-) Lufthahn geschlossen zu haben. Sicherheitshalber klappe ich ein Fenster auf. Mein Nebenmann schlägt es wütend wieder zu. Auch ein beliebtes Spielchen in unseren U-Bahnzügen. Jetzt geht's aber wirklich los.

Linie U 9 (Osloer Straße – Rathaus Steglitz)
(auch Wochenend-Nachtlinie)

Streckendaten (Großprofil)	
Linienlänge	12,5 km
Anzahl der Bahnhöfe	18
Fahrzeit	23,0 min
Reisegeschwindigkeit	32,7 km/h
Mittlerer Abstand zwischen den Bahnhöfen	737 m
Eröffnungen	
Osloer Straße – Leopoldplatz	30. 4. 1976
Leopoldplatz – Spichernstraße	28. 8. 1961
Spichernstraße – Walther-Schreiber-Platz	29. 1. 1971
Walther-Schreiber-Platz – Rathaus Steglitz	30. 9. 1974
Streckenbeschreibung	
Osloer Straße – Rathaus Steglitz (Tunnelstrecke)	

Osloer Straße Kommt man von der U 8 herauf, erwischt man fast immer die Bahnsteigseite mit dem gerade angekommenen und nun aussetzenden Zug. Nicht einsteigen. Und dies in Rot. Ist man zur anderen Seite hinüber gehastet, hört man von dort gerade die liebliche Türschließmelodie des Zuges nach Steglitz. Aber der Einblick in die geheimnisvolle Welt der Abstellgleise entschädigt dafür. Der nächste Zug kommt immer, auch wenn man Osloer Straße Mo – Do den um 0 Uhr 39 verpaßt hat. 4 Uhr 19 fährt der erste am folgenden Morgen.

Nauener Platz Weiß ich gar nicht, daß es den gibt. Doch, steht so im Plan, und wir halten in der Tat noch einmal zwischen Osloer Straße und Leopoldplatz.

Leopoldplatz Hatten wir schon bei unserer Fahrt mit der U 6 und in anderen Zusammenhängen. Oft bin ich hier auch ausgestiegen, als wir im Weddinger Rathaus eine größere empirische Untersuchung zum Thema »Organisationskultur« durchgeführt haben. »Wedding vorn« war damals das Motto des Bezirks, dem nun die Vereinigung mit Mitte und Tiergarten angetan wird. Das letzte Mal bin ich Leopoldplatz ausgestiegen, um bei Karstadt »Capri …« zu signieren. Da sitzt man dann da und wartet auf Kunden und kommt sich ein wenig vor wie eine Prostituierte auf St. Pauli. Geraucht hat mein Kugelschreiber nicht, und jeder zweite, der an meinen Tisch gekommen ist – sofern man sieben durch zwei teilen kann –, fischte sein Buch, das er vorab woanders gekauft oder aber geschenkt bekommen hatte, verschämt aus einer Plastiktüte.

Amrumer Straße Da bin ich immer ausgestiegen, wenn es mit meinen Allergien (Gräser, Beifuß, Schimmelpilz) ganz schlimm geworden und die Allergologen des RVK um Rat zu fragen waren. Der alte Kylauer zu diesem Thema lautet: »Ich weiß gar nicht, warum ich eine Allergie habe, ich bin doch nicht an der Aller, sondern an der Spree geboren worden.« Also nicht in Verden, sondern in Köpenick. Früher, als der Hinweis auf die hier in der Nähe ansässige Schweißtechnische Versuchsanstalt noch mit Aluminiumbuchstaben erfolgte, fehlte da immer das *w*. Ich fand das witzig, Fachleute aber halten das für eine behandlungsbedürftige anale Fixierung. Bitte, nehmt's in die Annalen auf.

Westhafen Früher hieß diese Station Putlitzstraße, und das fand ich viel sympathischer, denn es erinnerte mich an die Edlen Gänse von Putlitz, insbesondere den Caspar Gans zu Putlitz, der mit den Quitzows zusammen um 1414, was leicht zu merken ist, den Guerillakrieg der märkischen Adligen gegen die imperialistischen Hohenzollern und ihren Burggrafen Friedrich IV. von Nürnberg mit angeführt hat. Vergeblich, wie wir wissen. Leider …? Auch das Schloß in Groß Pankow (Prignitz) gehörte dem Putlitz-Clan – und gehört ihm heute wieder. Es beherbergt eine renommierte Augenklinik, deren Giebel immer noch vom Wappen mit den weißen Gänsen geschmückt wird, wie auch das Rathaus im nahen Städtchen Putlitz. Wir waren, ich erwähnte es wohl schon, zum Kriegsende in Groß Pankow evakuiert, und früher habe ich immer davon geträumt, Horst Edler zu Putlitz oder Horst v. Quitzow zu heißen. Aber bitte nicht weitersagen, es schädigt meinen Ruf.

Birkenstraße Birken hier im Wedding, man will es nicht glauben. Der Name klingt eher nach Modelleisenbahn, wo die Stationen auch immer Talheim oder Moosbach heißen.

Turmstraße Hier wohnt mein Scheidungsanwalt, und es gibt schönere Gefühle, als ich sie an den Tagen habe, wo ich hier aus- und einsteige.

Hansaplatz Stichwort Grips-Theater. Mit meinem Sohn Sascha bin ich öfter hier ausgestiegen, natürlich auch zur legendären »Linie 1«. Rainer Hachfeld habe ich bei seinem Stück »Spaghetti mit Ketchup« als Berater für't richtije Berlinan jedient, und Volker

▷ Nördlicher Zugang des U-Bahnhofs Turmstraße zu Beginn der achtziger Jahre.

▷ Der U-Bahnhof Zoologischer Garten zeigt sich auf dieser Postkarte aus der Mitte der sechziger Jahre noch ohne die Tierdarstellungen auf den gefliesten Seitenwänden des Bahnsteigs der Linie 9.

Ludwig hat uns geholfen, das nach meinen Jugendkrimi »Heißt du wirklich Hasan Schmidt?« entstandene Musical auf die Beine beziehungsweise die Bühne zu bringen. Aussteigen Hansaplatz. Auch wenn man in den Tiergarten will, was man öfter wollen sollte.

Im Sommer 1965, erinnere ich mich, hat es hier den zweiten größeren U-Bahnunfall – mit einem Toten – gegeben, als zwei Züge nach einem Fehler eines Signalmonteurs aufeinander aufgefahren waren.

Zoologischer Garten »Weeßte, det is der Bahnhof mit die Tiere uff de Kacheln.« Richtig. Und wenn man mit den Kindern in den Zoo will, den nördlichen Ausgang benutzen. Vorne, wo man in die Linie 2 und zur »Fernbahn«, wie es durchgesagt wird, »übergehen« kann, isset imma proppenvoll. Außerdem scheint hier mehrmals die Woche der Weltkongreß der Kleinkriminellen stattzufinden. »Alle wollen leben«, pflegte meine Schmöckwitzer Oma immer zu sagen. Hier ist 1988 im schon erwähnten Kriminalroman »Schau nicht hin, schau nicht her« Julian auf der Flucht vor einem DDRler, Zeiske, der ihn des Mordes überführen will. Zoo, Spichernstraße, Wittenbergplatz, Fehrbelliner Platz, Bismarckstraße, Zoo, Leopoldplatz. Dort steigt er in den Zug nach Alt-Mariendorf und bemerkt als Autofahrer viel zu spät, daß Reinickendorfer Straße der letzte West-Berliner Bahnhof ist …

»Laßt mich raus!« schrie Julian, als steckte er in einem Schiff, das gerade unterging, wie ein Ertrinkender in Todesangst, denn, das war ihm schlagartig ins Bewußtsein gelangt, von nun an rollte der Zug kilometerweit durch östliches Gebiet … (S. 199)

Zeiske brauchte auf einem der Geisterbahnhöfe nur die Notbremse zu ziehen und den Grenzposten zuzurufen, daß sie ihn festnehmen sollten. Lange Passagen dieser Jagd in der U-Bahn sind sogar im Berlin-Special des *Straßenbahn-Magazins* abgedruckt (S. 4–6).

Kurfürstendamm Zu den Zeiten, als ich hier fast allmorgendlich ausgestiegen bin, um zur Fachhochschule zu eilen, damals noch im Kudamm-Karree, war es hier noch düster, und die Süchtigen kauften sich ihren Stoff vom kleinen Dealer. Heute ist alles clean, und man kann ohne Ekel, Angst, Mitleid und schlechtem Gewissen zu C&A nach oben eilen oder umsteigen zur Linie 15, um die paar Meter bis Uhlandstraße zu fahren.

Spichernstraße Früher gab es hier schöne große graue Kacheln, dem Stil der U 9 voll angemessen, heute sieht alles sehr unruhig aus und bestenfalls nach einer mit »3 minus« bewerteten Jahresarbeit der Linda-Uer-Grundschule. Schnell umsteigen in die Linie 1 oder aber, wenn Sie Krimifreund/in sind, in die Motzstraße zur Buchhandlung »Tatort« eilen. Oft bin ich hier – oder noch Nürnberger Platz (geschlossen 1959) – mit meinem Vater ausgestiegen, um in die Freie Volksbühne in der Schaperstraße zu gehen. Aus der U 2 allerdings (oben), damit nicht wieder Leserbriefe an den Verlag geschrieben werden, denn die U 9 gibt es hier ja erst seit dem Jahr des Mauerbaus, 1961 also. Und zehn Jahre lang war Spichernstraße Endstation, bis es dann 1971 zum Walther-Schreiber-Platz und 1974 schließlich bis zum Rathaus Steglitz weiterging. Doch zurück zur Volksbühne. Meine Eltern hatten dort ein Abonnement, und immer wenn meine Mutter nicht konnte, durfte ich an ihrer Stelle ins Theater gehen. Theaterbesuche waren in dieser Zeit etwas ganz Außergewöhnliches, und sie wurden zelebriert wie Feiern, wie ein Hochamt fast. Unmöglich, ohne Anzug ins Theater zu gehen. Die Plätze wurden nicht zugeteilt, sondern vor jeder Veranstaltung ausgelost, das heißt, die Karten waren zusammengerollt und wurden aus einem Sektkübel gezogen. »Hurra, dritte Reihe!« klang es dann durchs Foyer, oder aber »So ein Mist: Rang ganz an der Seite«. Höhepunkt war Hochhuths »Stellvertre-

Längst vergangene Zeiten: Die U-Bahn soll verlängert werden, und deshalb sucht die BVG neue Mitarbeiter. Die Aufnahme entstand im August 1970 am – noch nicht eröffneten – Bahnhof Bundesplatz.

ter« mit Dieter Borsche als Papst. Und natürlich ging es dann nicht im eigenen Auto oder in einer Taxe nach Hause, sondern mit der U-Bahn: von Nürnberger Platz beziehungsweise Spichernstraße bis Wittenbergplatz, weiter bis Hallesches Tor und dann mit der Linie C bis Rathaus Neukölln beziehungsweise Karl-Marx-Straße.

Güntzelstraße Von hier aus kann man den ADAC besuchen, was ich als Nichtautofahrer allerdings noch nie getan habe, aber auch zum »Baby-Korb« laufen, weswegen ich schon öfter Güntzelstraße ausgestiegen bin.

Berliner Straße Umsteigen zur Linie 7, aber Vorsicht, denn wer unter einer ausgeprägten Klaustrophobie leidet, sollte diesen Bahnhof unbedingt meiden, denn wegen der neben dem Bahnsteig im Untergrund verlaufenden Autotunnel ist hier alles um viele Meter zu eng geraten, und immer wieder sieht man U-Bahnbauer aus aller Welt Berliner Straße stehen und im Chorgesang rufen: »So wie hier, so sollen wir keinen Umsteigebahnhof bauen!«

Zugang zum U-Bahnhof Walther-Schreiber-Platz im Sommer 1976.

Bundesplatz Dies ist heute mein Heimatbahnhof, und auch hier sorgt ein Autotunnel dafür, daß das Ambiente nicht anders als trist geraten konnte. Da er den Bundesplatz in der Mitte zerstört, äh: durchquert, gibt es hier zwei Seitenbahnsteige, fürchterlich zugige Röhren. Jetzt, wo der S-Bahnhof nicht mehr Wilmersdorf, sondern auch Bundesplatz heißt und direkte Zugänge existieren, ist es auch noch voll hier, und wenn die Massen von oben kommen, muß man aufpassen, nicht auf die Gleise gespült zu werden. Die Seitenbahnsteige verhindern auch jede Form höherer Bahnsteigkultur, siehe Imbißstände und dergleichen. Geht man zur Detmolder Straße die Treppen hinauf, findet sich unter jeder zweiten Stufe Reklame. Das erinnert mich an Kindheitstage, wo ich anhand dieser Werbung Lesen gelernt habe: »Mutti, was heißt'n das?«

Friedrich-Wilhelm-Platz Hier bin ich früher immer ausgestiegen, um von Dr. B. in Friedenau meine Herzneurose behandeln zu lassen. Das ist, wenn man öfter anfallsweise Angst hat, daß einem das Herz stehenbleibt. Bei jedem kleinen Hüpfer ist man sicher, in der nächsten Sekunde zu sterben. Obwohl man organisch kerngesund ist. Jedem zu empfehlen, der gern alle wichtigeren Krankheiten ausprobieren möchte. Auch zu Diebolds, siehe oben, ging es früher vom Friedrich-Wilhelm-Platz aus. In letzter Zeit bin ich hier nur ausgestiegen, um mit Alfred Behrens über das Drehbuch zu reden, das er nach meinem S-Bahn-Mörderroman »Wie ein Tier« geschrieben hat, ein phantastisches Drehbuch.

Walther-Schreiber-Platz Walther Schreiber ist in den Chroniken als Regierender Bürgermeister Berlins vermerkt (1953 bis 1955), ist aber so unbedeutend wie der nach ihm benannte Platz, der eigentlich gar keiner ist.

Schloßstraße Ist, weil schon für die angedachte Linie 10 mitgebaut, mit zwei übereinander liegenden Bahnsteigen viel zu groß für den heutigen Normalbetrieb. Im Mai habe ich einmal einen Kinderwagen von der untersten Ebene zur Straße hochtragen helfen … und bin deswegen noch heute in ärztlicher Behandlung. Ist hier die Rolltreppe entzwei, helfen nur – wie auch Gesundbrunnen und Kottbusser Tor – Seil und bergsteigerisches Training.

Rathaus Steglitz Wir sind am Ende unserer U-Bahnfahrten angelangt. Um ins »Schloßpark-Theater« zu gehen, ist es noch zu früh. Was soll ich jetzt machen, wo alle Strecken abgefahren sind …? Ich gerate in eine nie gekannte Panik. Alles dreht sich nun im Leeren. Mein Herz! Ich schnappe nach Luft. Kann es für mich noch ein Leben nach der U-Bahn geben …? Nein. Ich beschließe, bis in alle Ewigkeit im U-Bahnnetz zu kreisen.

Wenn U-Bahnfahrer erzählen

Es begann in der Wanne

von Klaus Fehrmann

Als ich 1951 bei den Berliner Verkehrsbetrieben – kurz BVG genannt – U-Bahner wurde, da war ich erst 20 Jahre alt und die U-Bahn auch erst 49. Am 18. Februar 1902 war der erste Fahrgastzug vom Stralauer Tor über Gleisdreieck zum Potsdamer Platz gefahren. Daß auch mein Leben an einem 18. Februar begonnen hatte, empfand ich als gutes Omen.

Meine Einstellung verdankte ich Beziehungen. Obwohl eigentlich niemand unter 21 eingestellt wurde, nahm man mich – allerdings mit einer Einschränkung: zunächst nur als Bahnhofsschaffner. Für die weitere Ausbildung zum Zugabfertiger mußte ich volljährig, also 21 werden. Deshalb saß ich zunächst 14 Monate in der »Wanne«, offiziell Sperre genannt. Es war die schlimmste Zeit meiner 42 Dienstjahre, und ich war todunglücklich. Oft wenn ich vom Dienst nach Hause zu meinen Eltern kam, warf ich meine Dienstmütze durch den Korridor, um dann lautstark zu verkünden, daß ich da nie wieder hingehen würde.

Aber an diesem 3. August 1951 ahnte ich davon noch nichts. Als ich mit der Straßenbahnlinie 74 nach Hause fuhr, dem Schaffner meinen funkelnagelneuen Dienstausweis vorweisen konnte und der auch noch »Danke, Kollege!« zu mir sagte, da wäre ich vor Stolz beinahe geplatzt. Jetzt gehörte ich also zu der großen BVG-Familie, zudem noch als U-Bahner, von den anderen als Schlips-und-Kragen-BVGer bezeichnet.

Meinen Bsch(Bahnhofsschaffner)-Lehrgang absolvierte ich ohne Probleme. Unser Ausbilder war ein Personallehrer, ein Mann über 50 mit Bauch und Glatze, eine richtige Respektsperson. Seine Ermahnung habe ich heute noch im Ohr: »Halten Sie Ihren Bogen rein!« Gemeint war der neben der Personalakte vom Betrieb geführte Personalbogen, in dem alles vermerkt wurde, was gut oder auch weniger gut gelaufen war. Bei meiner Prüfung erreichte ich ein »Gut«, das ich beinahe noch in Gefahr brachte, weil ich mit dem Prüfer, einem Betriebsinspektor, über die Farbe einer Zeitkarte stritt. Ich hielt die Farbe der Karte für Ocker, der Prüfer bestand aber auf Beige. Glücklicherweise gab ich rechtzeitig klein bei.

Dann bekamen wir in der Kleiderkammer unsere Uniform. Jacke, Hose und Mantel aus einem schweren dunkelgrauen Uniformstoff mit kupferfarbenen, blanken Knöpfen. Auf den Knöpfen war noch das alte Berliner Stadtwappen mit der Mauerkrone. Das Schärfste war die Mütze, steif und hoch. Sie wurde von zwei eingearbeiteten Drahtschlingen in Form gehalten. Die Uniform wurde von einem Schneider ausgegeben, einem kleinen Mann mit starkem schlesischem Dialekt. Sein Spitzname war »Hose paßt!«. Als ich zu Hause vor dem Spiegel stand, erinnerte mich mein Aussehen an Uniformträger im Kaiserreich. Meine Kollegen haben mir später beigebracht, wie man der Mütze durch Herausnehmen eines der Drahtringe und durch Einweichen die richtige Form gab. Die Vorgesetzten achteten streng auf die Einhaltung der Vorschrift, nach der jede Veränderung der Uniform verboten war. Der sogenannte Schillerkragen – der Hemdkragen über dem Kragen der Uniformjacke – war besonders verpönt. Vorgeschrieben war auch das Tragen der Uniform auf dem Wege zum und vom Dienst. Am unangenehmsten war jedoch, daß es keine Sommeruniform gab. Ich erinnere mich an einen Zugabfertigerdienst in der warmen Jahreszeit auf dem Bahnhof Nollendorfplatz, oberer Bahnsteig, der damals noch kein Dach hatte und als Dienstraum nur eine kleine Holzbude besaß. Gegen 10 Uhr war es bereits 28 Grad warm, und die Winterkleidung war geradezu unerträglich. Aber es war in dieser schwierigen Nachkriegszeit nicht üblich, Forderungen zu stellen. Es war ja noch nicht lange her, daß man aus dem roten Vorhangstoff der Straßenbahn Uniformmäntel für die kalte Jahreszeit gefertigt hatte und die Züge statt Glasscheiben Pappe und Holz in den Fenstern hatten. Wir hatten gelernt, genügsam und bescheiden zu sein. Das war auch nicht besonders schwer, denn wir kannten es nicht anders, und es ging ja allen so.

Zunächst blieb alles, von zwei Ausbildungsdiensten unter Anleitung älterer, meist bereits betriebsdienstuntauglicher Kollegen abgesehen, graue Theorie. Doch dann begann der Ernst – mit meinem ersten Dienst. Es war ein Frühdienst auf dem Bahnhof Zoologischer Garten, und zwar am Ausgang zur Gedächtniskirche (Zo I/2). Er fing um 5.25 Uhr an. Ich wohnte bei meinen Eltern in Steglitz, und weil zu dieser Zeit die Straßenbahn 77 noch nicht fuhr, benutzte ich den sogenannten Perser (Personalzug) vom Breitenbachplatz zum Wittenbergplatz. Dieser Zug wurde nur zur Beförderung des frühdienstleistenden Personals gefahren. Die Bahnhöfe waren in der Betriebspause nur von einem Bahnhofsarbeiter besetzt, dem die Reinigung und Bewachung der Bahnhöfe oblag. Deshalb wurde der Zug auch nur von dem Zugbegleiter (Zb) abge-

Der Arbeitsplatz eines Zugabfertigers in den fünfziger Jahren – heute im U-Bahn-Museum wiederzufinden.

fertigt und durfte nur mit dem ersten Wagen am Bahnsteig halten. Auf Wittenbergplatz angekommen, stellte ich fest, daß die Weiterfahrt nach Zoo nur mit dem ersten Fahrgastzug möglich war. Auf die Idee, einfach rüber zu laufen, bin ich gar nicht gekommen. Als ich deshalb zu spät auf Zoo eintraf, waren die Kollegen wegen meines Fehlens in heller Aufregung. Auf dem Bahnsteig versah ein Zugbegleiter den Dienst des Zugabfertigers, der wiederum mit der Schaffnerkasse in meiner Sperre saß. »Mein Gott, hättest du bloß angerufen! Jetzt haben wir den Alten verständigt«, lamentierte der Begleiter. »Der Alte« war der meistgefürchtete Verkehrsmeister auf dieser Strecke, mit Namen Kellmann. Zu dieser Zeit war auf dem Bahnhof und erst recht an meinem Zugang absolut nichts los, und deshalb hatte ich für das ganze Theater kein Verständnis. Die R 60 (Formular für Mitteilungen aller Art, auch Personalmeldungen) sei mir sicher, sagte man mir. Ich dachte, das fängt ja gut an, und hatte den Satz meines Ausbilders im Ohr: »Halten Sie Ihren Bogen rein!«

Gegen 7 Uhr erschien dann »der Alte« bei mir an der Sperre: ein übergewichtiger Herr mit hochgeschlossenem Uniformkragen, mit dem goldenen Balken vor dem Flügelrad auf grünem Samt und einer »Kalkleiste«, einem weißen Kragen, über einem geröteten, pausbäckigen Gesicht. Grußlos schnarrte er mich an: »Haben Sie mir nichts zu sagen?« Ich entschuldigte meine Verspätung mit meiner Unerfahrenheit, es sei ja schließlich mein erster Dienst. Er schrieb zwar keine Meldung, ließ mich aber seine Meinung wissen: »Aus Ihnen wird in diesem Betrieb wohl nichts werden!« Ich sah ihn noch mehrmals um die Ecke schauen, wahrscheinlich in der Hoffnung, mir doch noch eins verpassen zu können. Aber ich saß vorschriftsmäßig mit der Mütze auf dem Kopf in meiner Sperre wie ein Zinnsoldat.

Ich wurde dann sehr schnell im »Breitenbach-Turnus« ständig geschrieben. Das bedeutete, die Dienste liefen auf den Bahnhöfen Breitenbachplatz (Bt) und Rüdesheimer Platz (Rd). Wir hatten die 48-Stunden-Woche und einen 7/1-Turnus, das hieß 7 Tage Dienst, einen Tag frei. Auf den ersten Spätdienst, der von 18 Uhr bis Betriebsschluß (Bschl) lief, folgte ein langer Dienst von fast 10 Stunden, von 15 Uhr wieder bis Schluß. An Samstagen dauerte er sogar bis 1.20 Uhr. Nach einem weiteren Spätdienst folgte ein Übergangsdienst (13 bis 19 Uhr), dann der erste Frühdienst, wieder so ein Kanten von 5.25 bis 15 Uhr. Diese langen Dienste liefen auf Bt I, dem Ausgang am Südwestkorso. Das war zwar der belebteste Zugang, wegen des E-Busses der Linie 32, der dort endete. Trotzdem verging die Zeit nicht. Die Aufgaben des Bahnhofsschaffners bestanden lediglich in der Kontrolle der Zeitkarten und sonstigen Fahrausweise, dem Entwerten der Umsteigefahrscheine durch Einriß und dem Abstempeln der Sammelkarten (Sk).

Bei der Kontrolle der Zeitkarte mußte man auf die Marke und auch auf die Strecke, die von zwei Endbahnhöfen begrenzt war, achten. Die Endbahnhöfe wurden jeweils mit ihren Abkürzungen angegeben. Beim Zugang auf Breitenbachplatz mußte also immer das K für Krumme Lanke stehen. Eines Adlerauges bedurfte es aber, Rl (Ruhleben) von Ri (Reinickendorfer Str.) zu unterscheiden. Trotzdem gelang es mir, auf Olympia-Stadion beim Rückverkehr eines Fußballspiel eine falsche Karte einzuziehen. Es war ein Student, der gemeint hatte, bei dem Andrang damit durchzukommen. Er hätte unter den acht geöffneten Sperren eben nicht gerade meine nehmen sollen. Doch die Kontrolle der Zeitkarten war die einzige Herausforderung bei dieser Tätigkeit. Viele rannten, wenn sie ihren Zug sahen, durch die Sperre und hielten ihre Zeitkarte nur kurz hoch. Die allzu Eiligen wurden dann aber gnadenlos zugeklopft: Man hämmerte gegen die Glasscheiben der Sperre. Oft gab es dann Auseinandersetzungen, aber man mußte ja schließlich seine Arbeit machen.

Der Verkauf der Fahrscheine und Wertmarken oblag einem Fahrscheinausgeber (Fam), häufig einer Fahrscheinausgeberin (Fan). Während das Verkehrspersonal im Lohnverhältnis stand (später nannte man das schamvoll »gewerblich«), waren die Kolleginnen und Kollegen in den Fahrscheinausgaben bereits Angestellte.

Mein Monatslohn belief sich bei einem Stundenlohn von DM 1,24 auf DM 276,04 brutto, netto blieben DM 183,49. Große Sprünge konnte man damit nicht machen, aber eine Woche Kantinenessen (montags bis freitags) kostete auch nur DM 2,20. Ein Kinobesuch schlug mit DM 1,00 bis 1,50 zu Buche. Zigaretten wurden nur in der Fünferpackung gekauft, und für größere Anschaffungen gab es die ABC-Kleinkredite mit monatlichen Raten von DM 20 bis 30.

Aber der geringe Lohn störte weniger als das stupide und langweilige Hocken in den Wannen, vor allem in den Abendstunden. Daß man wegen dieser Tätigkeit von Außenstehenden für den letzten Blödmann gehalten wurde, der für nichts Gescheites zu gebrauchen war, machte die Angelegenheit auch nicht erträglicher. Während Gleichaltrige mit ihren Freunden oder sogar mit ihrer Freundin ausgingen, saß man auf Breitenbachplatz in der Sperre bei einem 10-Stunden-Dienst. Essen, Trinken und Rauchen waren strengstens verboten. Nicht einmal das Abnehmen der Dienstmütze war erlaubt. Die einzige Möglichkeit, sich mal zu bewegen, ohne gegen die Vorschriften zu verstoßen, war das Fegen des Vorraums.

Daß dies alles streng überwacht und jede Kleinigkeit beanstandet wurde, läßt folgende Episode erkennen. Ich litt im Winter stets an aufgesprungenen Lippen und benutzte deshalb einen dieser farblosen Lippenstifte. Ein auf dem Bahnsteig anwesender Oberverkehrsmeister sah mich meine Hand zum Mund führen und kam im Laufschritt schreiend zur Sperre: »Sie haben gegessen! Ich habe es genau gesehen! Sie haben ihre Hand zum Mund geführt!« Meiner Erklärung und dem vorgewiesenen Stift hatte er zwar nichts entgegenzusetzen, geglaubt hat er mir aber nicht.

In der kalten Jahreszeit durfte ohne das Tragen des Mantels die Heizung nicht eingeschaltet werden. In der Hauptverkehrszeit war das Heizen, zur Reduzierung der Stromspitzen, generell verboten. Da nutzte es auch nichts, beim Insichtkommen eines Verkehrsmeisters (Vm) die Heizung schnell auszuschalten, denn nicht der Schalter wurde kontrolliert, sondern der Heizkörper. Dazu mußte man die Sperre verlassen, und der kontrollierende Vm hielt seine Hand über den Heizkörper. Stellte er fest, daß er heiß war, obwohl die Ausschaltzeit schon längst vorüber war, war eine Meldung fällig. Bei einem Frühdienst auf Breitenbachplatz II (Ausgang Schorlemerallee) hatte mir der Bahnhofsarbeiter in einer besonders kalten Nacht die Heizung bereits eingeschaltet. Der auf Krumme Lanke dienstleistende Vm, der in die Sperre kam, um

Die »Wanne« auf dem Bahnhof Kochstraße. Mit der Einführung des personalfreien Fahrscheinverkaufs durch Fahrausweis-Automaten sind diese Bahnhofsmöbel nach und nach vollständig verschwunden.

den Schlüssel für den Mannschaftsraum zu holen, bemerkte das. Daß er die Heizung ausschaltete, war ihm nicht zu verübeln – wohl aber, daß er zu allem Überdruß die großen Scheiben vorn und hinten öffnete. Bei meinem Dienstantritt hatte die Sperre Außentemperatur, und die nahende Hauptverkehrszeit verbot das Einschalten der Heizung.

Aber es gab auch verständnisvolle und vernünftige Vorgesetzte, die dann auch sehr beliebt waren. An einen kann ich mich gut erinnern – und zwar deshalb, weil er stets Schuhe mit Kreppsohlen trug, wie sie damals in Mode waren. Man hörte ihn nie, er stand ganz plötzlich vor einem. Auf meine Frage »Sagen Sie, tragen Sie Schuhe von Leiser oder von Stiller?« hat er nur gelacht.

Auf die Einhaltung der Vorschriften achteten aber auch diese Herren. Das hatte zur Folge, daß der Zusammenhalt unter den Kollegen außerordentlich groß war. Meldungen, die zu Disziplinarmaßnahmen führen und dem weiteren Fortkommen hinderlich sein konnten, mußten unbedingt vermieden werden. Dazu bedurfte es vielfach der Unterstützung der Kollegen oder zumindest ihrer Verschwiegenheit. Das bezog sich selbstverständlich nur auf die vielen kleinen Pannen, die jederzeit und jedermann passieren konnten. Wirklich gravierendes Fehlverhalten, vor allem wenn es die Sicherheit beeinträchtigte, wurde stets im allgemeinen Interesse mit der erforderlichen Loyalität zu den Vorgesetzten behandelt. Ordnung und Disziplin wurden nicht in Frage gestellt – auch wenn es natürlich Kollegen gab, die es ein bißchen lässiger machen zu können glaubten. Die Dienst- und Disziplinarordnung sah abgestufte Maßnahmen vor: Belehrung, Ermahnung, Zurechtweisung, Verwarnung, verschärfte Verwarnung, Verwarnung mit Androhung der Entlassung. Belehrung, Ermahnung und Zurechtweisung waren als Erziehungsmaßnahmen zu betrachten. Sie wurden vom unmittelbaren Vorgesetzten ausgesprochen. Die Verwarnungen waren Aktenstrafen und wurden erst bei Bewährung und guter Führung nach fünf Jahren gelöscht.

Ich war bis jetzt nicht negativ aufgefallen und gab mir auch Mühe, einen guten Eindruck zu hinterlassen, denn ich wollte nun endlich Zugabfertiger (Za) werden. Mittags kam immer der Dienstabweichungszettel von der Betriebsgruppe, die für den Personaleinsatz zuständig war. Dieser Zettel mußte von allen täglich eingesehen werden, denn auf ihm standen nicht nur die Springer, sondern alle Abweichungen von den ständigen Diensten. Ich hoffte immer darauf, mal die Aufforderung zum Za-Lehrgang zu erhalten, aber statt dessen stand für den 1. April 1952 hinter meinem Namen »Ba Nb«. Das hieß Bahnhofsarbeiter Nürnberger Platz. Es war üblich, alle jungen Kollegen drei bis vier Wochen als Ba arbeiten zu lassen.

Bei der Reinigung des Bahnsteigs wurde Strichfegen mit feuchten Sägespänen erwartet, außerdem das Staubwischen der Handläufe und Bänke. Nachts mußte man sich zu festgesetzten Zeiten bei der VUM (Verkehr U-Bahn Meldestelle) melden. Der Bahnhof lag in der Spichernstraße und hatte über den Gleisen große vergitterte Öffnungen zur Belüftung, die jeden Ton von oben nach unten trugen. In der Nacht vom 5. zum 6. April 1952 krachte es um 4.15 Uhr fürchterlich. Am nördlichen Ausgang (Nb I) war ein Amerikaner mit seinem großen Straßenkreuzer voll gegen die vor der Treppe stehenden Steinpoller gefahren. Nachdem ich die VUM verständigt hatte, kamen sehr schnell Polizei und Militärpolizei und schleppten den Wagen ab – den Ami auch.

Als Ba wurde ich in diesem Jahr noch bis zum 20. April eingesetzt, u. a. auf Rüdesheimer Platz, Hohenzollernplatz, Onkel Toms Hütte und auf Zoo. Zoo war die schlimmste Erfahrung: fünf Treppen, zwei Seitenbahnsteige, drei Lichtschränke und vier Schaffnerkassen, die alle zur gleichen Zeit übernommen werden mußten. Ich war heilfroh, am 22. April wieder in meiner Sperre auf Podbielskiallee (der Turnus lief jetzt auf Po statt auf Rd) sitzen zu können.

Am 27. Oktober 1952 war es dann endlich soweit: »8.00 Uhr Urg Za-Lehrgang.« Urg war ein **U**nterrichts**r**aum auf **G**leisdreieck, im oberen Bereich, im Übergang zu Werkstätten unter dem Dach. Ein älterer Personallehrer führte uns in die Signalordnung und die Dienstvorschriften ein. Im damals sehr wichtigen Meldewesen erklärte er den Unterschied zwischen Strecken-Meldung und Stellwerks-Meldung (Stw). Das Verhalten bei Zugtrennungen, die Abfertigung von geschobenen Zügen und das Verhalten bei Störungen bildeten den Lehrstoff an den vier theoretischen Ausbildungstagen. Am fünften Tag wurde die Kuppelstelle im Bahnhof Nollendorfplatz/unten besichtigt und der Trennschalter (TS) des Aufstellgleises 6 unter Spannung geschaltet. Das war nun wirklich spannend. Heute würde der Arbeitsschutz derartige Schaltungen nur in stromlosem Zustand zulassen – abgesehen davon, daß es heute diese offenen Starkstromschalter nicht mehr gibt. Solange über diesen Schalter kein Strom floß, d. h. kein Verbraucher – z. B. ein eingeschalteter Zug – in dem zu schaltenden Stromschienenabschnitt stand, erschien die Sache harmlos. Aber wehe, wenn auf dem Schalter Last war, dann gab es einen Flammenbogen. Schnelles, ruckartiges Herausreißen des Trennschalters bei gleichzeitigem Wegdrehen des Kopfes, zur Vermeidung einer Verblitzung der Augen, war erforderlich. Wenn der Flammenbogen trotzdem nicht abriß, mußte der Schalter schnell wieder eingelegt werden.

Ich mußte einmal auf Innsbrucker Platz (Ip) den TS des Aufstellgleises 3, auf dem drei Sechs-Wagen-Züge der Bauart A 1 mit eingeschalteter Heizung standen, bedienen. Da hatte ich nun doch Manschetten – aber mich als Zugfahrer (Zf) von Weichenstellern (W) auslachen zu lassen, das wäre gegen meine Ehre gegangen. Bei der Belastung gab es natürlich einen starken Flammenbogen, den ich nur mit dem Holzkeil, der zur Isolation zwischen das Trennmesser und die Kontakte gesteckt wurde, durchschlagen konnte. Unser Motto war: »Gelobt sei, was hart macht!« – oder auch: »Die U-Bahn wird von Männern gefahren!«

Nach zwei praktischen Diensten mit einem erfahrenen Za als Ausbilder kamen dann die schriftliche und die mündliche Prüfung. Obwohl ich keinen Fehler machte, erreichte ich nur ein »Gut«. Man erzählte sich, daß es in diesem Lehrgang kein »Sehr gut« gäbe, weil der amtierende Chef der Abteilung diese Note auch nicht erreicht habe. Mein erster selbständiger Dienst war auf Oskar-Helene-Heim (Os) von 17.15 Uhr bis 21.15 Uhr und dann bis 0.57 Uhr auf Thielplatz (T). Den Usus der Älteren, auf Os auszurufen: »Oskar geht alleene heim!«, fand ich ausgesprochen albern. Ich nahm meine Tätigkeit sehr ernst und hatte für solch einen Blödsinn überhaupt kein Verständnis.

Meine Arbeit hatte einen Sinn, sie machte mir Spaß, weil ich als »Bahnhofs-Vorstand« von den Fahrgästen respektiert wurde. Ich machte meine Springer-Dienste überwiegend auf der Krumme-Ritze. Ab 1. August 1953 war ich dann auf Wittenbergplatz (Wt) ständig. Aber schon Anfang Dezember wurde ich zum Zugbegleiter-Lehrgang kommandiert.

Treffpunkt war der Bahnsteig Wt II am Fahrmeisterraum. Der Fahrmeister hieß Köhn und war einer von den Scharfen. Doch er empfing uns sehr väterlich und sagte: »Ihr seid jetzt für die Dauer des Lehrgangs alle meine Buben! Aber später bin ich wieder euer Fahrmeister!« Dann ging es nach Olympia-Stadion, wo die theoretische und praktische Ausbildung stattfand. Neben den Vorschriften wurde die Signalordnung, besonders aus der Sicht des Zugpersonals, behandelt. Signalstörungen und Fahrten ohne Signal, die Not- und Rangiersignale wurden nicht nur im Schulungsraum, sondern auch auf dem Gleis 27 (Prüfgleis) exerziert. An diesem Gleis gab es Hauptsignale, die von einem kleinen Hilfsstellwerk nur für die Ausbildung und bei Prüfungen gestellt wurden.

Außerdem wurden die Zb an den Bremseinrichtungen ausgebildet. Die damals vorhandenen beiden Kleinprofil-Zugtypen A 1 und A 2 hatten eine elektrisch gesteuerte Druckluftbremse. Der Strom für die elektrischen Brems- und Löseventile kam aus Batterien der Triebwagen. Der Zb hatte bei Schäden die Aufgabe, durch Schließen der entsprechenden Hähne die durchgehende Bremsleitung zu unterteilen, um die Weiterfahrt des Zuges zu ermöglichen. Selbstverständlich wurde bei reduzierter Bremswirkung die Geschwindigkeit herabgesetzt, der Zug entleert und auf dem nächsten Stw-Bahnhof ausgesetzt. Schäden an der Fahrsperre hatten Auswirkungen nicht nur auf die Bremse, sondern auch auf die Zugsteuerung – doch das war die Angelegenheit des Zf.

Zur Erlangung der Streckenkenntnis wurden drei Dienste im Fahrerraum auf den A- und B-Strecken mitgefahren. Besonders die A-Strecke hatte es ab Gleisdreieck nach Pankow (heute Vinetastraße; nördlicher Teil der Linie U 2) wegen der vielen Kurven in sich: Eine ständige Langsamfahrstrecke nach der anderen. Die U-Bahn fährt in der Stadtmitte um jeden Kohlenkeller. Am Anfang dieser ständigen Langsamfahrstrecken standen auf der Spitze stehende dreieckige Tafeln in Orangegelb mit einer Geschwindigkeitsangabe. Eine Vorankündigung gab es damals nur bei vorübergehenden Langsamfahrstellen (Bau- oder Schadstellen). Die Aufhebung wurde 100 Meter (eine Zuglänge) nach Ende der Langsamfahrstrecke durch eine mit der Spitze nach oben gerichtete gelbe Tafel angezeigt. Der Zf hatte die Geschwindigkeit einzuschätzen. Tachometer gab es nur in wenigen Triebwagen; sie sollten dem Zf die Möglichkeit geben, seine geschätzte Geschwindigkeit zu überprüfen. Bei Überschreitung der Geschwindigkeit sollte der Zb die Notbremse ziehen. Mir ist jedoch kein Fall bekannt, wo sich ein Zb das getraut hätte. Die Fahrmeister (Fm) standen im Tunnel hinter den Pfeilern mit der Stoppuhr. Einer der älteren Zf, der zwischen Gleisdreieck und Möckenbrücke mit 29,4 statt 25 Stundenkilometern fuhr, bekam eine R 60 und eine Belehrung.

Der Zugbegleiter

von Peter Döge

Im Jahr 1960, als ich 21jährig bei der Berliner U-Bahn begann, wurde man noch für die »Laufbahn« im Verkehrsdienst eingestellt. Laufbahn, das bedeutete: Bahnhofsschaffner (Bsch), Zugabfertiger (Za), Zugbegleiter (Zb), dann entweder Zugfahrer (Zf) oder Weichensteller (W).

Ich freute mich sehr, als ich im Frühjahr 1962 mit sechs Kollegen den etwa vierwöchigen Ausbildungslehrgang zum Zugbegleiter (Zb) im Kleinprofil (Klp) mit bestandener schriftlicher, mündlicher und praktischer Prüfung beendet hatte. In diesem Lehrgang waren wir in den Fahrdienstvorschriften unterwiesen worden, hatten die Vorschriften des Signalbuchs gelernt, und besonders waren wir mit den Bremseinrichtungen der verschiedenen Zugtypen im Klp vertraut gemacht worden. Damals wurde man zum Lehrgangsbeginn vom Ausbilder noch mit den Worten begrüßt: »Ihr habt jetzt vier Wochen Lernen vor euch. Geburtstage, Hochzeiten oder Sterbefälle dürfen in dieser Zeit nicht vorkommen!«

Natürlich war ich bei meinem ersten Dienst als Zugbegleiter, »17.21 Obi – 0.26 Sd« (das bedeutete: 17.21 Uhr auf Deutsche Oper übernehmen und 0.26 Uhr auf Olympia-Stadion aussetzen), ein wenig aufgeregt und auch etwas unsicher. Auf dem Bahnhof Deutsche Oper erwartete ich »meinen« Zugfahrer voller Ungeduld. Ich hatte Glück, es war ein Kollege, den ich schon von einigen Za-Diensten auf dem Endbahnhof Krumme Lanke kannte. Er begrüßte mich freundlich und meinte: »Na, dann kann ja nichts mehr schiefgehen.« Doch damit sollte er sich mächtig getäuscht haben.

Die ersten Runden Ruhleben–Schlesisches Tor verliefen ohne jede Besonderheit. Auf jedem Bahnhof stieg ich aus, stellte mich neben die Zugspitze und übermittelte mit dem Zuruf »Abfahren« und dem

Der Zugbegleiter der West-Berliner BVG bei seiner Tätigkeit im September 1963 auf der Linie C.

Hochheben eines Armes den Abfahrauftrag des Zugabfertigers (Hochheben des Befehlstabes) an den Zugfahrer weiter. Nach Möglichkeit schloß ich vorher noch die hintere Tür des ersten Wagens. Dann bestieg ich den Zug und betätigte den »Summer«. Darauf setzte der Zf den Zug in Bewegung.

Mein Zf meinte es gut mit mir und fuhr tatsächlich erst an, nachdem er den Summer gehört hatte. Bei einem eingespielten Team fuhr der Zf schon an, wenn er »Abfahren« hörte und den erhobenen Arm sah. Der Zb konnte dann – elegant oder sportlich, oft auch betont lässig – einsteigen, wenn die Wagentür auf seiner Höhe war. Die wenigen Fälle, in denen der Zf sich auf dem nächsten Bahnhof wunderte, daß er seinen Zb nicht sah, dann suchend seinen Kopf durch die Fahrerraumtür steckte, bis ein Fahrgast ihn trocken darüber informierte, daß der Zb auf dem vorherigen Bahnhof verblieben war, waren im Nu Tagesgespräch bei den Kollegen und sorgten noch für viele Jahre für Gesprächsstoff.

Ich schaute angestrengt in die vor mir liegende Dunkelheit des Tunnels, registrierte aufmerksam jedes Signal, auch die unbeleuchteten Blechschilder, und beobachtete die Reaktion des Zugfahrers. Beim Abfertigen lächelte er mir aufmunternd zu, und ich begann schon, mich an meine neue Tätigkeit zu gewöhnen. Laut Dienstplan sollten wir vor der Pause von Schlesisches Tor kommend auf Reichskanzlerplatz (seit Ende 1963 Theodor-Heuss-Platz) aussetzen. Auf dem Bahnhof Schlesisches Tor schilderte ich also das Fahrtziel Reichskanzlerplatz und achtete unterwegs auf die richtige Schilderung der Fahrtrichtungsanzeiger auf den Bahnhöfen. Alles lief ohne Beanstandung.

Als wir den Bahnhof Ernst-Reuter-Platz verlassen hatten, sah ich »Grün« für die Einfahrt Deutsche Oper (Obi) und kam auf die Idee, die Fahrtenzettel nochmals zu überprüfen. Für jeden Zugteil wurden damals noch Fahrten- und Zuglaufzettel ausgefüllt. In den Zuglaufzetteln wurden die Dienstausweisnummern des Zugpersonals und die Zeiten der Zugübernahme und -abgabe vermerkt. In den Fahrtenzetteln wurde jede einzelne Fahrt mit der Länge in Metern eingetragen. Daß ich sie jetzt kontrollierte, lenkte mich natürlich von der Beobachtung der Strecke ab. Plötzlich betätigte der Zugfahrer die Schnellbremse und brachte den Zug auf der Strecke zum Halten. Er öffnete die Fahrerraumtür, winkte mich heran und fragte: »Waren da zwei grüne Lichter?« Zwei grüne Lichter mußten es sein, wenn die Fahrstraße nach Ruhleben eingestellt war. Nach der damals gültigen Signalordnung (SO) wurden Abzweigungen mit zwei untereinander angeordneten grünen Lichtern gekennzeichnet. Zwar war die Fahrt nach Ruhleben mittlerweile die Hauptstrecke, aber die ursprüngliche Stammstrecke endete Richard-Wagner-Platz und wurde daher immer noch mit nur einem grünen Licht gekennzeichnet.

Vor Verlegenheit wäre ich fast durch den Wagenboden gesunken, als ich zugeben mußte, gerade in die Fahrtenzettel geschaut zu haben. Ich wußte nicht: Waren es nun ein oder zwei grüne Lichter gewesen? Inzwischen sahen wir den Weichensteller im vorliegenden Weichengebiet. Er gab uns das Rangiersignal »Herkommen«, waagerechte Armbewegungen mit einer weiß leuchtenden Lampe und zwei mäßig lange Töne mit der Signalpfeife. Wir fuhren in den Bahnhof, leider auf dem Gleis nach Richard-Wagner-Platz statt nach Ruhleben. Kaum zum Halten gekommen, kam der Zugabfertiger angerannt und rief, der Weichensteller habe sich »verzogen« und wir sollten um Gottes willen schnell über Gleis 5 umsetzen. Unser Glück war, daß wir nur einen 4-Wagen-Zug hatten, denn mehr Wagen hätten auf dem Aufstellgleis 5 nicht Platz gefunden. Der Zug wurde blitzschnell entleert, wir machten Fahrerraumwechsel, fuhren nach Gleis 5, wieder Fahrerraumwechsel und zurück in den Bahnhof, diesmal in das Gleis Richtung Ruhleben. Nach Aufnahme der Fahrgäste setzten wir mit geringer Verspätung die Fahrt fort.

Nach dem Aussetzen auf Reichskanzlerplatz rief uns der Weichensteller von Deutsche Oper an, bedankte sich für unsere Schnelligkeit und sagte, er hätte mit dem zuständigen Oberverkehrsmeister die Angelegenheit schon geregelt. Mein Zugfahrer grinste, als er zu mir sagte: »Daß wir schon über das Einfahrtsignal gefahren waren, hat der Weichensteller gar nicht mitbekommen.«

Ab dem 2. Mai 1970 wurde übrigens die Strecke zwischen Deutsche Oper und Richard-Wagner-Platz (dieser Bahnhof ist heute auf der U 7 zu finden) vom Kleinprofil überhaupt nicht mehr bedient. Aber zwischen dem Bahnhof Deutsche Oper und der Aufstellgleisanlage des Bahnhofs Richard-Wagner-Platz befindet sich eines der Verbindungsgleise zwischen Kleinprofil und Großprofil (Grp). Es wird heute hauptsächlich von den in beiden Profilen zugelassenen Arbeitsfahrzeugen benutzt, hat aber schon so manch abenteuerliche Fahrt erlebt, zum Beispiel die Überführung der ersten G-Züge von Friedrichsfelde nach Olympia-Stadion Anfang der neunziger Jahre.

Ich zog jedenfalls schon aus dem ersten Dienst die Erkenntnis, daß man sich nicht gerade im falschen Moment ablenken lassen darf. Daß ich eine mögliche Sternstunde des Zugbegleiterdaseins verpatzt hatte, wurde mir erst später klar.

Der Dienst des Zb im Klp war bei weitem nicht so angenehm wie im Grp. In der Zeit der Zugbegleiter kamen im Klp fast ausschließlich A 1- und A 2-Züge zum Einsatz. Die 16 A 3-Wagen der ersten Lieferung

(Baujahr 1960/61) fuhren die Linie Wittenbergplatz–Uhlandstraße, die schon im »Einmann-Betrieb« befahren wurde, und bestenfalls ein Acht-Wagen-Zug der Bauart A 3 fuhr Schlesisches Tor–Ruhleben.

Die A 1- und A 2-Wagen hatten für den Zugbegleiter nur eine Ecke neben dem Zugfahrerraum zur Verfügung, die vom Fahrgastraum nicht abgetrennt war. Eine Verständigung mit dem Zugfahrer war während der Fahrt nicht möglich. Nur durch ein kleines Fenster in der Zwischenwand konnte der Zb den Zf beobachten. Im Gefahrenfall hatte der Zb mit seiner Signalpfeife Notsignale zu geben und die Notbremse im Fahrgastraum zu betätigen. In der Regel reichte jedoch ein Klopfen des Zb an die Scheibe oder Zwischenwand, um den Zf auf eine Unregelmäßigkeit aufmerksam zu machen. Es wäre also meine Sternstunde gewesen, wenn ich gleich am ersten Tag meinen Zf auf die falsche Signalstellung in der Einfahrt Obi rechtzeitig aufmerksam gemacht hätte.

Seitentüren für den Zb waren erst in wenigen Wagen vorhanden. Sie wurden erst später bei der Hauptuntersuchung (HU) eingebaut. Der Zb mußte sich sowohl bei den Seitenbahnsteigen (rechte Seite) wie bei den Mittelbahnsteigen (linke Seite) durch den oft vollbesetzten Wagen drängeln, was weder für die Fahrgäste noch für den Zb angenehm war.

Im A 1-Wagen gab es für den Zb kein Fenster, das geöffnet werden konnte. In seiner Ecke war es im Sommer oft unerträglich heiß (damals war das Tragen der Mütze noch vorgeschrieben). Im Winter hingegen hat der Zb gefroren, denn eine Heizung gab es in seiner Ecke nicht. Der Winter hielt noch weitere Überraschungen bereit. Ganz angenehm war es, wenn man während der Reserve-Dienste zur Schneebeseitigung eingeteilt war. Das war körperliche Ertüchtigung in frischer Luft. Wir haben damals Schnee- und Glättebeseitigung nicht nur auf den im Freien gelegenen Bahnsteigen, sondern auch auf den Treppen, in den Eingängen und auf dem zu den Bahnhöfen gehörenden Straßenland selbst durchgeführt.

Eine Besonderheit des Kleinprofils ist, daß die Stromschiene vom Stromabnehmer von oben bestrichen wird. Im Sommer ist das kein Nachteil gegenüber den von unten bestrichenen Stromschienen des Großprofils. Aber im Winter zeigte sich die ganze Tücke dieser Bauart. Die von oben bestrichene Stromschiene kann natürlich oben nicht verkleidet werden und bietet sich der gefrierenden Feuchtigkeit schutzlos dar. Besonders bei »Null-Durchgängen« von Minus nach Plus, wenn also nach einer Zeit mit Minustemperaturen die Null-Grad-Grenze überschritten wird und vielleicht auch noch Regen dazukommt, werden die Stromschienen der im Freien gelegenen Streckenteile in kürzester Zeit mit einer Eisschicht überzogen. Bei dieser Wetterlage wurden die Züge daher »starkstrommäßig« durchgekuppelt: Die Starkstromleitung aller Zugteile wurde miteinander verbunden. Erhielt auch nur ein Stromabnehmer des 8-Wagen-Zuges Kontakt zur Stromschiene, wurden alle Motoren des Zuges noch mit Strom versorgt. Trotz dieser Vorsichtsmaßnahme kam es bei solchen Gelegenheiten immer wieder vor, daß ein Zug ohne Strom auf der freien Strecke stehenblieb.

Dann schlug die Stunde des Zb. Auf dem letzten im Tunnel liegenden Bahnhof und auf den im Freien liegenden Einsetzbahnhöfen wurden Kratzeisen ausgegeben. Das waren angeschärfte Eisen, die an Besenstielen befestigt waren. War der Zug wegen fehlender Stromaufnahme zum Halten gekommen, stieg der Zb aus und kratzte mit dem »Kratzeisen« die Stromschiene vor dem Zug auf etwa 20 Meter frei. Heute fast undenkbar, daß die Stromschiene dabei nicht ausgeschaltet war, also unter Spannung stand. Nachdem der Zb wieder den Zug bestiegen hatte, versuchte der Zf durch rasches Hochschalten des Fahrschalters möglichst viel Geschwindigkeit zu erreichen. Da alle Stromabnehmer miteinander verbunden waren, reichte das frei gekratzte Stück oft aus, genug Schwung zu holen, um in den nächsten Bahnhof zu rollen.

Auf der Einschnittstrecke zwischen Podbielskiallee und Krumme Lanke wirkten die Blitze und Funkenabrisse, die entstanden, wenn die Stromaufnahme der Stromabnehmer nur unregelmäßig war, besonders bei verschneiten Abhängen sehr stimmungsvoll.

Heute hat man dieses Problem weitestgehend im Griff. Stromschienenheizung und ein Stromschienenschmierzug mit einem sehr wirkungsvollen Frostschutz haben die Kratzeisen ersetzt, die wegen der verbesserten Unfallverhütungsvorschriften auch nicht mehr bei eingeschalteter Stromschiene verwendet werden dürften.

Doch zurück zum täglichen Zb-Dasein ohne besondere Witterungserschwernisse. Manchen Kollegen gelang es, während des Dienstes als Zugbegleiter mit hübschen Mädchen zu flirten. Diese Kollegen waren mit der Zb-Ecke recht zufrieden. Ich erinnere mich an einen Kollegen, der eine angehende Studienrätin so verzauberte, daß die beiden später heirateten. Auch wenn dies wohl ein Einzelfall war: Es bleibt festzuhalten, daß das damalige Ansehen der U-Bahner sich erheblich von dem der heutigen »BVGer« unterschied. Die meisten aber fanden es nicht so lustig, während des ganzen Dienstes von den Fahrgästen beobachtet zu werden. Ich zuckte jedesmal zusammen, wenn ein Kind fragte: »Mutti, was macht der Mann da eigentlich?« Ich befürchtete immer, die Frage könnte direkt an mich gerichtet werden. Meine Antwort »Vier Augen sehen mehr als zwei« hätte auf den kleinen Frager wohl keinen großen Eindruck gemacht.

Im A3-Wagen und in den Fahrzeugen des Großprofils war der Zb-Dienst doch erheblich angenehmer, weil man vom Fahrgastraum getrennt war bzw. mit im Zugfahrerraum seinen Platz hatte.

Für die spätere Tätigkeit als Zugfahrer war die Zb-Zeit natürlich höchst nützlich. Man erhielt ohne Mühe eine hervorragende Streckenkenntnis, lernte das richtige Verhalten in allen Störfällen im Zusammenhang mit den Dienstvorschriften und die Behebung von Zugschäden. Ein Motto der damaligen Betriebsleitung lautete: »Vier Augen sehen mehr als zwei! Die BVG strebt daher im U-Bahn-Betrieb keinen Einmann-Betrieb an, aber wir werden den Za zum Fahrscheinverkauf einsetzen und den Zb abfertigen lassen.« In der ersten Hälfte der sechziger Jahre wurde es also noch als selbstverständlich betrachtet, daß auf jedem Bahnhof Personal anwesend war.

Für die neue Betriebsform wurde ein neues Signal eingeführt, das »Schachbrett«. Leuchtete dieses schachbrettähnliche Transparent am Ausfahrtsignal, fertigte der Zb seinen Zug in Eigenverantwortung ab. Nach Ankunft auf dem Bahnhof hatte er laut und deutlich den Bahnhofsnamen und nötigenfalls das Fahrtziel auszurufen. Hatte der Fahrgastwechsel stattgefunden, fertigte er den Zug nach dem Ruf »Zurückbleiben« mit »Abfahren« und Hochhalten eines Armes (Signal für den Zf) ab. Da waren kräftige Stimmen gefragt, denn eine Beschallungsanlage hatten die Züge damals nicht.

Auch diese Neuerung brachte damals einige Unruhe in das Fahrpersonal. Ich erinnere mich noch recht genau, daß noch am Vortag der Einführung dieser Abfertigungsart auf dem Bahnhof Rüdesheimer Platz – das muß 1962 oder 1963 gewesen sein – im Mannschaftsraum auf Krumme Lanke ein Personalratsmitglied sagte, er würde am nächsten Tag selber dafür sorgen, daß kein Zug den Bahnhof ohne Za-Abfertigung verlassen würde. Die halbe Nacht machte ich mir Sorgen, wie ich mich verhalten sollte, wenn das Schachbrett eingeschaltet sein würde. Ich war halt noch recht jung und naiv. Doch die Abfertigung lief so selbstverständlich ab, als wäre es nie anders gewesen. Der Kollege vom Personalrat war leider krank geworden.

Es war damals schon die gleiche Situation wie bei

der Einführung der »Zugfahrerselbstabfertigung« in den neunziger Jahren. Es hat uns Zugbegleitern Spaß gemacht, den Zug selbst abzufertigen. Das war doch eine für alle Fahrgäste sichtbare Aufgabe. Man konnte jetzt besonders freundlich sein und den einen oder anderen Fahrgast, z. B. die Mutter mit dem Kinderwagen, noch mitnehmen, auch wenn die Abfahrtzeit eigentlich schon überschritten war. Bei der Za-Abfertigung war der Zb in der Regel verpflichtet gewesen, den Abfahrauftrag des Za ohne Verzug weiterzugeben. Auch bei der Einführung der Zf-Selbstabfertigung viel später waren die meisten Zugfahrer zufrieden, nicht mehr auf den Za angewiesen zu sein. In beiden Fällen waren die Kollegen natürlich über den Arbeitsplatzabbau nicht glücklich.

Wir haben uns zu der Zeit, als ein attraktiver öffentlicher Personennahverkehr noch als ein Stück Lebensqualität angesehen wurde, stets bemüht, den an uns gestellten Erwartungen gerecht zu werden. Wir leisteten mit einer (stolzen?) Selbstverständlichkeit unseren Dienst rund um die Uhr. Es war zwar nicht immer eine Freude, im Winter um 3.30 Uhr das Haus zu verlassen, um zum Dienst zu gehen, aber es war selbstverständlich. Und wenn am Heiligabend der Oberverkehrsmeister die Kollegen mit kleinen Kindern ein oder zwei Stunden früher nach Hause schickte, sofern sie irgendwie entbehrlich waren, wurde das mit Freude und Dankbarkeit begrüßt – auch von denen, die im Dienst verbleiben mußten. Bei der BVG konnte auch manch »Ungelernter«, der zuverlässig, pünktlich und verantwortungsbewußt war, ein erfülltes Arbeitsleben zur Zufriedenheit aller verbringen. Viele dieser Arbeitsplätze sind inzwischen leider verloren.

Die Einführung des »Einmann-Betriebes« bei der U-Bahn zeigte dann später, daß der Zugbegleiter nicht mehr benötigt wurde. Kein heutiger Zugfahrer vermißt den Zugbegleiter, den er in der Regel gar nicht mehr kennengelernt hat. Die Sicherheit ist durch die Sifa-Schaltung voll gewährleistet. Kein Zugbegleiter kann je so aufmerksam sein wie sie.

Zur Zeit der schrittweisen Einführung des Einmann-Betriebes war das natürlich noch anders. Regelmäßig bildeten Zf und Zb ein Pärchen, heute würde man es ein Team nennen, das oft mehrere Jahre zusammenblieb. Der neue Zb war zuerst Springer. Er fuhr den Dienst eines Urlaubers oder erkrankten Kollegen. Vertrat er den Kollegen für eine längere Zeit, sprach man von einer »baw-Tour« (**b**is **a**uf **w**eiteres). Wurde eine Zb-Stelle frei, weil der bisherige Stelleninhaber Zf oder W geworden war, konnte ein Springer ständig werden. Natürlich hatte der betreffende Zf ein Wort mitzureden. Es gab auch »ewige Pärchen« – weil der Zb aus irgendwelchen Gründen nicht weitergekommen war oder nicht weiterkommen wollte.

Es ist verständlich, daß sich viele Zf nur schwer an die Einmann-Tätigkeit gewöhnen konnten. Ihnen fehlte die »bessere Hälfte«. Da die Zf naturgemäß meist älter waren, erfuhren sie den wohltuenden Respekt der Zb. Dies ermöglichte ein außerordentlich freundliches, ja oft freundschaftliches Miteinander. Der dem Zf entgegengebrachte Respekt wurde von diesem durch ein Gefühl der Verantwortung für seinen Zb vergolten. Ernsthafte Auseinandersetzungen innerhalb eines Pärchens waren daher selten.

Ein Fremder hätte über manche Gewohnheiten, die fast schon Rituale waren, den Kopf geschüttelt. So war es, wenn das Pärchen sich verstand, durchaus üblich, daß der Zb beim Fahrerstandswechsel einige Tätigkeiten des Zf übernahm: Zugschlußsignal herstellen, »Schaltzeug« tragen, Fahrerraumtür verschließen. Auf der anderen Seite des Zuges durfte er dann das Schaltzeug aufsetzen, die Bremsprobe vornehmen und das Spitzensignal einstellen. Wurde der Zug getauscht, sorgte der Zb dafür, daß die privaten Taschen in den neuen Zug mitgenommen wurden. Ohne es recht zu bemerken, wurde der Zb so mit dem Zug vertraut gemacht.

Natürlich war es verboten, den Zb den Zug führen zu lassen. Doch wenn beim Zugfahrerlehrgang der Ausbilder merkte, daß die Zugfahrer-Anwärter die Bedienung des Fahrschalters und der Bremseinrichtungen schon recht sicher beherrschten, erstaunte ihn das nicht sehr. Meist war eine Leerzugfahrt der Anlaß, erste Erfahrungen zu sammeln. Dann sagte der Zf: »Na, willste auch mal?« oder: »Zeig mal, watt de kannst!« Ja, dann war man auf einmal Herr dieses Zuges und hatte alle Mühe, das auch dem Zug klarzumachen. Alles, was beim Zf so einfach aussah, war auf einmal schrecklich kompliziert. Um so stolzer war man dann, wenn der Zf beim Wiederübernehmen sagte: »Na, ging ja schon ganz gut« oder sogar fragte: »Sag mal, bei wem biste denn schon gefahren?«

Doch zurück zur Einführung des Einmann-Betriebes. Sie erforderte nun auch längere Ausbildungslehrgänge mit einem erheblich umfangreicheren Lehrstoff. Zwar wurden die Fahrdienstvorschriften immer wieder entrümpelt, und der technische Lehrstoff verringerte sich mit dem Verschwinden der alten Züge, doch technische Veränderungen an den neuen Lieferungen ließen den Umfang des Lehrstoffes bald größer denn je zuvor werden.

In meiner Erinnerung ist die Zeit des Fahrens mit Zb die fröhlichere gewesen. Auf einem Endbahnhof mit Aufstellgleisen und Kuppeltätigkeit waren immer mehrere Kollegen zusammen: zwei Zugpersonale, also zwei Zf und zwei Zb, ein oder gar zwei Za, zwei W und ein Zugprüfer (Zpf), der die Züge noch von Hand kuppelte. Da gab es natürlich jede Menge Klatsch und Tratsch. Diese Gesprächsmöglichkeiten stärkten das Zusammengehörigkeitsgefühl.

Die heute so oft beschworene »Teamarbeit« gab es schon bei uns. Machte ein Kollege mal einen Fehler, versuchten seine Kollegen, diesen auszubügeln. Drohte gar ein Zugausfall, nahmen Zugabfertiger, Weichensteller und das Zugpersonal »die Beine in die Hand«, um ihn zu verhindern. Dem Oberverkehrsmeister einen Zugausfall melden zu müssen, konnte nicht nur zu unangenehmen Nachforschungen führen, sondern war auch das Eingeständnis einer Niederlage. Diese Schmach wollte man um jeden Preis verhindern!

Unter Ost-Berlins Straßen

von Manfred Hoffmann

Im November 1960 begann ich 25jährig meine Laufbahn (so nannte man das damals) bei der U-Bahn als Bahnhofsschaffner (Bsch), 1961 wurde ich Zugabfertiger (Za), 1962 Zugbegleiter (Zb) für das Großprofil (Grp), 1963 Zugfahrer (Zf), 1965 Zugprüfer (Zpf), 1971 schließlich Fahrmeister (Fm). Ab 1990 konnte ich aus gesundheitlichen Gründen keinen Fm-Dienst mehr leisten und stand der BVG für Sonderdienste zur Verfügung. Ab Juli 1994 begann die Zeit, auf die ich schon immer gewartet hatte: Ich wurde Ruheständler.

Trotz Wechselschicht, Sonn- und Feiertagsarbeit und ständig wechselnder Arbeitsplätze habe ich gern bei der BVG gearbeitet. Wie bei jeder beruflichen Tätigkeit gab es Sonnenschein und Schatten, schöne Erlebnisse und eine Vielzahl von Störfällen ...

Behinderungen besonderer Art ergaben sich aus der Teilung Berlins. Die U-Bahnlinien C und D (heute U 6 und U 8) führten ja unter dem Ostsektor hindurch. Da gab es jeweils 6 Bahnhöfe, auf denen bis zum 12. August 1961 ganz normal gehalten wurde. Dann aber änderte sich dort alles, natürlich auch für uns von der West-BVG. Anfangs wurde damit gerechnet, daß der Osten seine Streckenteile der Linie C (ca. 3,6 km) und der Linie D (ca. 4,3 km) für die Durchfahrt völlig sperren würde. Dazu kam es dann doch nicht, aber die Züge mußten ohne Halt die Strecken durchfahren. Lediglich auf der C-Linie wurde der Bahnhof Friedrichstraße u. a. für den Umsteigeverkehr zur S-Bahn und für den Grenzverkehr offengehalten, vorerst u. a. für West-Berliner, später auch für DDR-Bürger im Rentenalter, die West-Berlin besuchen durften. Die übrigen elf Bahnhöfe wurden verschlossen und zum Teil zugemauert. Die Grenzbahnhöfe Stadtmitte (Mic), Walter-Ulbricht-Stadion (Wus, heute Schwartzkopffstraße), Heinrich-Heine-Straße (He) und Bernauer Straße (B) wurden von Grenzsoldaten, die anderen Bahnhöfe von Bahnpolizei bewacht.

Die vier vorgenannten Bahnhöfe wurden als Grenzbefestigung ausgebaut und mit Grenzsicherungseinrichtungen ausgerüstet. Im Tunnel, in Grenznähe, wurde über jedem Gleis ein stählernes Rollgitter angebracht, welches bei Betriebsruhe, falls keine Nachtfahrten stattfanden, herabgelassen wurde. Auf den Bahnhöfen B, Wus und Mic wurden am südlichen Bahnsteigende, auf dem Bahnhof He am nördlichen Bahnsteigende bunkerähnliche Bauten errichtet, die mit schießschartengroßen Fenstern versehen und mit Scheinwerfern und Lautsprechern ausgerüstet waren. Jeweils vor den Bunkern wurden die Bahnsteigkanten auf mehreren Metern entfernt. Die Luftschächte in den Tunneln, die auch Notausgänge waren, wurden zugeschweißt. Wenn ich diese Bahnhöfe heute sehe, frage ich mich: Hat es das alles wirklich mal gegeben?

Die Höchstgeschwindigkeit für Fahrten durch die im Ostsektor gelegenen Bahnhöfe betrug 25 Stundenkilometer, für die freie Strecke 50 Stundenkilometer. Hin und wieder, vor allem abends, kam es vor, daß ein Fahrgast bei der Durchfahrt durch einen dieser Bahnhöfe eine Wagentür aufmachte und einfach heraussprang. In der Regel wurde das auf dem ersten Bahnhof in West-Berlin von Fahrgästen dem Bahnhofspersonal gemeldet, das diesen Vorfall sofort der Verkehr-U-Bahn-Meldestelle (VUM, später Betriebs-Leitstelle U-Bahn, BLU) meldete. Der Verbleib dieser Personen war nicht bekannt; es gab Gerüchte, nach denen sie einige Zeit in Rummelsburg festgehalten und dann nach West-Berlin abgeschoben wurden.

Alle außerplanmäßigen Zugfahrten mußten mindestens 20 Minuten vorher telefonisch der DZU (Dispatcherzentrale U-Bahn, so nannte sich die U-Bahn-Meldestelle in Ost-Berlin) gemeldet werden. Nachtfahrten mußten mindestens vier Tage vorher schriftlich angemeldet werden. Alle Verspätungen über zwei Minuten mußten ebenfalls der DZU gemeldet werden. Über die Telefonvermittlung der BVG konnten die beiden Leitstellen miteinander kommunizieren. Einmal meldete die DZU, daß eine Rentnerin, die wieder nach Hause (Köpenick) wollte, ihren Paß in der U-Bahn verloren habe. Da der ungefähre Zeitpunkt des Verlustes sowie die Fahrtrichtung bekannt waren, konnten die in Frage kommenden Züge über Funk angesprochen werden, ferner die Za und der Endbahnhof. Und tatsächlich, der Paß wurde gefunden und konnte der Frau zum Bahnhof Friedrichstraße geschickt werden. Zwischen Mitarbeitern der VUM und der DZU wurden nur dienstliche Meldungen ausgetauscht; mal ein privates Wort zu wechseln, dazu ist es meines Wissens bis zum 9. November 1989 nie gekommen.

Die Fahrmeister, die für die Linien C und D zuständig waren, waren angewiesen, die Oststreckenteile mindestens einmal pro Dienst zu durchfahren, um eventuelle Veränderungen an der Strecke oder auf Bahnhöfen festzustellen und zu melden. Ab Anfang der siebziger Jahre wurden nach und nach alle Linien und auch die Züge im Großprofil mit Funk ausgestattet. Im Ostsektor durften aber keine Antennen gelegt werden, so daß Funksprüche erst wieder in West-Berlin abgegeben werden konnten. Die Benutzung der Zug- oder Handfunkgeräte war im Ostsektor verboten.

Der Transitverkehr auf den Linien C und D klappte so bald fast reibungslos, und mit der Zeit gewöhnte man sich an die Besonderheiten auf diesen U-Bahnlinien. Aber überall, wo Züge fahren, kommen auch mal Störungen vor: Signalstörungen, Zugschäden, Fahrstrom-Unterbrechungen, Fahrgastunfälle und dadurch verursachte Zugstockungen. Über die Behandlung solcher Vorfälle gab es Vorschriften. Passierte so etwas im Ostteil, mußte daran gedacht werden, daß einiges anders laufen konnte als gewohnt. Ich habe drei Störfälle in Erinnerung, von denen zwei keine »Ost-Besonderheiten« aufwiesen. Also der Reihe nach.

Auf dem Bahnhof Weinmeisterstraße (Linie U 8) verrichtet der Zugabfertiger der Ost-Berliner BVB am denkwürdigen 1. Juli 1990 seinen Dienst. An diesem Tag trat die Wirtschafts- und Währungsunion zwischen den beiden deutschen Staaten in Kraft.

Freitag, der 22. Juni 1962. Mein Fahrer Rolf Hartwich und ich als sein Zugbegleiter hatten unseren ersten Spätdienst auf der Linie D. Es war auf der letzten Runde, 23.44 Uhr ab Leinestraße (L) nach Gesundbrunnen (G), als wir um 23.57 Uhr auf dem Bahnhof Alexanderplatz (Ap) von Männern in grünen Uniformen durch laute Rufe zum sofortigen Anhalten aufgefordert wurden. In barschem Ton wurde uns gesagt, wir sollten unseren Zug verlassen. Rolf zog die Handbremse an, und wir stiegen aus. Den Fahrgästen wurde gesagt, daß sie die Türen nicht öffnen dürften. Der Anführer dieser etwa 15 Mann starken Truppe wies seine Leute an, ins Gleis zu springen und Richtung Weinmeisterstraße zu gehen. Rolf protestierte, er müsse erst den Kurzschließer ziehen, um die Stromschiene stromlos zu machen; betriebsfremde Personen dürften laut Vorschrift das Gleis bei eingeschaltetem Fahrstrom nicht betreten. Die »Grünen« verboten ihm lautstark das Wort.

Der auf dem Bahnhof diensttuende Bahnpolizist erklärte mir, als die anderen weg waren, daß er selbst von diesem Vorgang völlig überrascht wurde, er uns aber erst weiterfahren lassen dürfe, wenn er dazu telefonisch aufgefordert würde. Ich ging zur Zugabfertigerin (in der ersten Zeit nach dem Mauerbau waren die Bahnhöfe noch mit U-Bahn-Personal der Ost-BVG besetzt) und bat darum, telefonieren zu dürfen. Ich rief die DZU an und schilderte die Situation, mit der Bitte, auch die VUM zu verständigen und die Züge auf Voltastraße (Vo) und Moritzplatz (Mr) zurückzuhalten und nicht in Richtung Ap fahren zu lassen. Wie ich später erfuhr, klappte das auch tadellos.

Gleich darauf hörte ich lautes Schimpfen des Bahnpolizisten. Ein männlicher Fahrgast hatte eine Wagentür an der Bahnhofswandseite geöffnet und urinierte – über der 750 Volt Gleichstrom führenden Stromschiene! Auch wenn die Schiene eine Abdekkung hatte: Das hätte was geben können!

So gegen 0.20 Uhr ging das Bahnhofstelefon, und

wir erhielten die Genehmigung zur Weiterfahrt, aber nur mit höchstens 15 Stundenkilometern. So juckelten wir also Richtung »Plumpe«, wie der Berliner den Ortsteil Gesundbrunnnen nennt. Als wir von Rosenthaler Platz (Ro) den Berg nach B hinauf schlichen, sahen wir das Einfahrsignal 638 in der Haltlage, also rot. Schon etwa 50 Meter vor diesem Signal bemerkten wir Soldaten mit Maschinenpistolen und Zivilisten im Nebengleis und zwischen den Tunnelpfeilern. Wir hielten also vor dem roten Signal, ich schaute aus meiner Zb-Tür und sah, wie drei Zivilisten in den letzten Wagen unseres 4-Wagen-Zuges kletterten.

Nach Verständigung meines Zugfahrers begab ich mich durch die Schlußtüren in den letzten Wagen. Die Zivilisten forderten die Fahrgäste auf, sich auszuweisen, und kontrollierten die Ausweise. Von mir nahmen sie keine Notiz. So gingen sie von Wagen zu Wagen, einige Soldaten unten im Gleis gingen in gleicher Höhe immer mit. Im dritten Wagen, der kontrolliert wurde, saß ein männlicher Fahrgast, der sich nicht ausweisen konnte. Er mußte auf freier Strecke den Wagen verlassen; Soldaten nahmen ihn in die Mitte und brachten ihn weg. Das war ja nun ein dicker Hund: Menschenraub aus einem Transitzug! Nach Fortführung der Kontrollen verließen die drei Männer den Zug und wiesen uns an weiterzufahren.

Wir fuhren also nach Fahrdienstvorschrift los, bis wir kurz vor der Bahnhofseinfahrt Bernauer Straße nochmals halten mußten, weil uns drei untereinander angeordnete rote Lichter entgegenleuchteten: das Notsignal. Dieses Signal, vom Bahnhof aus zu betätigen, darf nur eingeschaltet werden, wenn eine Person ins Gleis gefallen ist oder dem einfahrenden Zug Gefahren drohen. Der Bahnhofsarbeiter dieses Bahnhofs erzählte uns nun aber, daß er auf Anordnung dieser Leute, die dann in den Tunnel gingen, den Notsignalschalter tätigen mußte. Wir überzeugten uns, daß keine Gefahr vorlag, und fuhren über Voltastraße bis Gesundbrunnen.

Da wir nun schon fast eine Stunde überfällig waren, nahmen wir an, daß im Westen alles in heller Aufregung wäre. Aber weit gefehlt – es schien so, als habe man uns noch gar nicht vermißt. Auf Anweisung von Rolf berichtete ich dem U-Bahn-Bereitschaftsdienst, einem leitenden Herren der U-Bahn, den ganzen Vorfall. Am Vormittag des darauffolgenden Montags wurden wir vom Dienst abgelöst und mußten zum Protokoll in die Hauptverwaltung. Die Vernehmung und die Fertigung des Protokolls dauerten mehrere Stunden. Man wollte nun auch alles wissen, ganz besonders über den Halt auf der freien Strecke, die Kontrolle und die Abführung des Mannes, der sich nicht ausweisen konnte. Zum Schluß haben wir das Protokoll unterschrieben. Ich weiß nicht, wer alles von dieser Angelegenheit unterrichtet wurde. Gehört habe ich nie wieder etwas davon.

Das zweite Erlebnis, welches mir in Erinnerung ist, war nicht ganz so dramatisch, aber weil Zeitnot mit im Spiel war, gerieten wir ganz schön unter Druck: In der Nacht vom 26. zum 27. Juni 1969 war ich, damals als Zugprüfer, zu einer Überführungsfahrt eingeteilt worden. Es sollte der B1-Triebwagen Nr. 92 (eine »Tunneleule«, die nicht mehr mit eigener Kraft fahren konnte) von Leinestraße zur Betriebswerkstatt Seestraße (Bw See) geschleppt bzw. geschoben werden; die Stromabnehmer waren abgelegt. Der Wagen stand schon einige Jahre im »Schlauch«; das waren Abstellgleise hinter den Aufstellgleisen des Bahnhofs Leinestraße – heute Streckengleise der Linie U 8 Richtung Hermannstraße.

Wir starteten nach Betriebsschluß, so gegen 1.15 Uhr. Der Wagen wurde mit einem Werkstattzug (Bauart B1) nach Hermannplatz/oben (Hpo) geschleppt und dann durch den Überführungstunnel zur Linie C und weiter Richtung Bw See geschoben. Als Beleuchtung diente ein an der Stirnwand des Wagens 92 angebrachter Scheinwerfer. Zur Verständigung zwischen geschobenem Wagen und Schiebezug stand eine Telefonverbindung zur Verfügung. Die Fahrt verlief planmäßig, bis es auf der Linie 6 im Ostsektor zwischen den Bahnhöfen Französische Straße (Fr) und Friedrichstraße (F) plötzlich fürchterlich schepperte und blitzte. Der Fahrstrom war weg, und der Zug wurde schnellstens zum Halten gebracht.

In so einem Moment kommen einem ja die schrecklichsten Gedanken: Entgleisung, Tunneleinsturz, Wagen fällt auseinander ... Das Tunnellicht hatte sich durch den Kurzschluß automatisch eingeschaltet. Ich meldete über Streckenfernsprecher der DZU diesen Vorfall. Mitfahrende Kollegen der Bw See fanden den Grund des Lärms und des Kurzschlusses: Die Ladebordwand eines Materialzuges mußte irgendwann einmal unbemerkt abgefallen und so zwischen Tunnelwand und Stromschiene zu liegen gekommen sein, daß der abgelegte, also nach unten gedrückte Stromabnehmer des Wagens gegen sie stieß und alles in Holz- und Stahltrümmer verwandelte.

Mittlerweile waren zwei Bahnpolizisten vom Bahnhof F, durch den Lärm angelockt, herbeigekommen. Sie halfen mit ihren Taschenlampen, die Ursache und den Schaden festzustellen. Der Stromabnehmer war abgerissen und einige Meter Stromschienenabdeckung zu Kleinholz gemacht worden. Die Kollegen von der Werkstatt See, die etwas Werkzeug dabei hatten, machten sich daran, den Schaden zu beheben. Die Arbeiten waren sehr schwierig, denn zwischen Zug und Tunnelwand war es sehr eng, und zusätzlich behinderte die Stromschiene die Bewegungsfreiheit. Es war jetzt schon nach 2.00 Uhr; um 4.00 Uhr spätestens mußten wir mit unserem Gefährt die Strecke geräumt haben.

Als erstes wurden die Trümmer der Stromschienenabdeckung und der Bordwand beseitigt; sie mußten alle unter dem Zug hervorgeholt werden. Die Demontage des Stromabnehmers konnte – im Wechsel – immer nur eine Person vornehmen, für mehrere reichte der Platz nicht aus. Alles geschah bei einer Beleuchtung, die unter aller Kanone war, und einer Temperatur von über 20 Grad. Von Zeit zu Zeit unterrichtete ich die DZU über den Fortgang der Arbeiten, die wiederum der VUM Mitteilung machte. So gegen 3.40 Uhr waren die Arbeiten beendet. Es wurde noch die Stromschiene genau untersucht, aber sie war nicht beschädigt worden. Nachdem der Fahrstrom eingeschaltet war und »stand«, fuhren wir los und erreichten glücklich kurz nach 4.00 Uhr die Bw See. Untersuchungen des Restes der ehemaligen Ladebordwand ergaben später, daß sie von einem Materialwagen einer Bahnmeisterei der West-BVG stammten. Der Verlust der Wand ist wohl niemandem aufgefallen. Hätte im Tagesverkehr ein Zug mit einem abgelegten Stromabnehmer diese Stelle passiert, dann hätte es eine Betriebsunterbrechung von mindestens einem halben Tag gegeben.

Das dritte Ereignis war tragischer Natur, vom Opfer selbst durch bodenlosen Leichtsinn herbeigeführt. Man muß es so ausdrücken, obwohl man über Tote nichts Schlechtes sagen soll. Am Dienstag, den 29. März 1988 saß ich auf Leopoldplatz/unten (Lpu) mit Schreibarbeiten beschäftigt in meinem Büro, als ich von der BLU (vormals VUM) so gegen 12.05 Uhr von einem Fahrgastunfall auf dem U-Bahnhof Friedrichstraße, der zu diesem Zeitpunkt zu meinem Fahrmeisterbezirk gehörte, verständigt wurde. Da ich von Lpo aus auf der Linie 6 nicht nach F gelangen konnte (ab Reinickendorfer Straße war die Strecke blockiert), fuhr ich auf der Linie 9 bis Zoologischer Garten/unten (Zu) und mit der S-Bahn bis Friedrichstraße. Der einzige Zugang zum U-Bahnhof F befand sich im Verbindungstunnel zwischen S-Bahnhof F, damals Linie S 2, und Linie U 6. Polizisten bewachten den geschlossenen Eingang. Ich stellte mich vor, wies mich aus und gab den Grund an, warum ich auf den U-Bahnhof mußte. Anstandslos wurde mir das Tor geöffnet.

Der Bahnhof wirkte gespenstisch, er war genauso

wie der Intershop voll beleuchtet, aber es herrschte eine fast unheimliche Ruhe. Alle Fahrgäste, auch des Unglückszuges, waren schon vor meinem Eintreffen hinausgeführt worden. Auf dem Bahnsteig standen etwa 20 Offiziere der Grenztruppe, alle ohne Koppel. Auf dem linken Gleis (Gleis 2) stand – mit anderthalb Wagen im Bahnhof – ein Zug; die Spitzenbeleuchtung war eingeschaltet, ansonsten war er bis auf die Notbeleuchtung dunkel; der Fahrstrom war ja abgeschaltet. Zwischen der ersten und zweiten Tür des ersten Wagens, eingeklemmt zwischen Zug und Bahnsteigkante, eine Frau – tot. Feuerwehrleute bemühten sich, die Verunglückte zu bergen. Auf einer Bank saßen ein Arzt und ein Sanitäter von der Charité. Auf der anderen Seite der Bank saßen die beiden Zugfahrer (einer war als Zugbegleiter tätig).

Ich meldete mich am Zugabfertiger-Dienstraum bei zwei leitenden Mitarbeitern der Ost-U-Bahn in Zivil. Ich begrüßte dann die beiden Zf und ließ mir den Hergang des Unfalles erzählen. Um die Züge, die sich noch im Transitbereich befanden, nach West-Berlin zu bekommen, wurde beschlossen, nachdem die Stromabnehmer des Unglückszuges abgelegt waren, den Fahrstrom so lange einschalten zu lassen. Die beiden Ost-BVGer wickelten den Vorgang ab.

Danach wurde mir großzügig gestattet, über die DZU mit der BLU zu sprechen. Ich berichtete, was ich bis dahin über den Unfall wußte, konnte aber über den Zeitpunkt einer Wiederaufnahme des Verkehrs keine Voraussage machen. Mir war nämlich aufgefallen, daß die Feuerwehr mit gänzlich unzulänglichen Mitteln die Leiche zu befreien versuchte. Der Chef der Feuerwehrleute gestand dann auch ein, die Verunglückte nicht bergen zu können. Das war so um 13.15 Uhr. Die beiden Zivilisten rangen sich durch, Mitarbeiter der Betriebswerkstatt Friedrichsfelde (Bw Fri), also U-Bahnhandwerker, kommen zu lassen. Doch vorher mußten noch etliche bürokratische Hürden genommen werden. Der Bahnhof Friedrichstraße war ja für jeden normalen Ostbürger Niemandsland und durfte nicht betreten werden. Mittlerweile tauchte ein weiterer Zivilist auf und stellte sich uns als Kripobeamter vor. Bei solchen Unglücksfällen mit Verletzten oder gar Toten wurde die Kripo immer tätig. Er war ein ruhiger, angenehmer Mensch und ließ sich den ganzen Hergang schildern, dabei machte er sich Notizen.

Was war genau geschehen? Eine 64jährige Frau aus West-Berlin war ins Gleis gesprungen. Der Grund ist unbekannt, denn Zeugen gab es keine – vielleicht ist ihr ein Gegenstand ins Gleis gefallen. Die Frau stand nun gebückt im Gleis, als der Zug nahte. Das Zugpersonal sah die Frau erst, als sie sich aufrichtete. Der Zugfahrer betätigte zwar unverzüglich die Schnellbremse, aber der Bremsweg reichte nicht mehr aus, um den Zug vor ihr zum Halten zu bringen. Sie hatte sich noch an die Bahnsteigkante gedrückt, wurde aber vom Zug erfaßt und eingequetscht und war sofort tot. Der Abstand zwischen Zug und Bahnsteig beträgt nur wenige Zentimeter.

Endlich trafen die Schlosser der Bw Fri ein. Sie hatten alle nötigen Gerätschaften und Werkzeuge dabei und gingen gleich an die Arbeit. Der Stromabnehmerbalken 1 wurde ausgebaut und der Wagen mittels hydraulischer Pressen vorne angehoben. Gegen 15.50 Uhr wurde die Frau endlich geborgen und in die Charité gebracht. Alles wurde nun wieder zurückgebaut, und nach dem Einschalten des Fahrstroms konnte um 16.40 Uhr die Fahrt mit dem Unglückszug zur Bw See stattfinden. Alles in allem hatte die Verkehrsunterbrechung über viereinhalb Stunden gedauert.

Drei kleine Episoden seien noch erwähnt.

Um die Weihnachtszeit 1962 und ein Jahr darauf noch einmal wurde auf dem U-Bahnhof Jannowitzbrücke (Jb) Obst gelagert. Der ganze Bahnsteig war bis fast an die Decke mit Kisten vollgestapelt, bewacht von der Bahnpolizei. Dort lagerten 1962 Orangen und

1963 Äpfel kühl und trocken. Schon von weitem bemerkte man an dem Duft, daß man sich dem Bahnhof Jb näherte. In späteren Jahren wurde eine derartige Lagerhaltung nicht mehr beobachtet.

Für Weihnachten 1964 war ein Passierscheinabkommen ausgehandelt worden, und die West-Berliner konnten zu ihren Verwandten nach Ost-Berlin fahren. Es war am 26. Dezember, ich war damals Zugfahrer und hatte Nachtdienst, also Dienstbeginn etwa 20.30 Uhr, Dienstende gegen 4.50 Uhr. Der Rückverkehr auf dem Bahnhof Friedrichstraße setzte gegen 20 Uhr ein und erreichte zwischen 22 Uhr und Mitternacht seinen Höhepunkt. Einen Bahnhof so voller Menschen habe ich nie wieder gesehen, auch nicht nach der Maueröffnung. Die Züge konnten nur im Schrittempo ein- und ausfahren, um die Fahrgäste an den Bahnsteigkanten nicht zu gefährden. Es wurden Sonderzüge noch und noch gefahren, alle waren gerammelt voll. Es war ein Geschiebe und Gedränge, aber alle waren glücklich, ihre Verwandten und Freunde im Osten wiedergesehen zu haben. Es ging alles glatt, kein Unfall, keine Störung. Mein Lebtag werde ich diesen Weihnachtstag im Jahre 1964 nicht vergessen.

Im November 1972 wurden 40 Kleinprofil-Fahrzeuge an die Ost-Berliner Verkehrsbetriebe (BVB) abgegeben, die wegen eines Brandes in einem Tunnel am Alexanderplatz unter Wagenmangel litten. Ein Überführungszug passiert hier den Bahnhof Hermannplatz.

Im November 1972 wurden der Ost-BVG, die sich inzwischen »Berliner Verkehrsbetriebe (BVB)« nannte, zehn Vier-Wagen-Züge der Zuggattung A 2 geliefert, die sonst im Westteil verschrottet worden wären. Die Wagen wurden einzeln auf Tiefladern über die Straße von der Bw Gru (Olympiastadion) zur Bw See gebracht und dort wieder zu Vier-Wagen-Zügen zusammengekuppelt. Mittels eines Überführungszuges (Vier-Wagen-Zug der Bauart D) und einer Lore mit Groß- und Kleinprofilkupplung wurden bei insgesamt zehn Fahrten diese A 2-Züge über die Linien 6, 7 und 8 nach Jannowitzbrücke in den Waisentunnel (Verbindungstunnel zwischen den Strecken D und E) geschoben, dort abgekuppelt und von einem Fahrzeug der Ost-BVG übernommen. Bei jeder Fahrt stieg auf Seestraße immer ein Herr von der Ost-BVG zu und begleitete den Transport. Er sprach kaum ein Wort und stieg am Waisentunnel wieder aus.

Literatur

Adtranz, U-Bahn Berlin Baureihe H. Die U-Bahn der Zukunft, Hennigsdorf 1996

Bilder Deutscher Geschichte, hrsg. vom Cigaretten-Bilderdienst, Hamburg-Bahrenfeld 1936

Berliner Verkehrs-Betriebe (BVG), 50 Jahre BVG – 1929–1979, Berlin 1979

Bosetzky, Horst, Brennholz für Kartoffelschalen, Argon, Berlin 1995

Bosetzky, Horst, Capri und Kartoffelpuffer, Argon, Berlin 1997

Bosetzky, Horst, und Berliner S-Bahn-Museum, Einsteigen bitte, Türen schließen! S-Bahn-Erinnerungen, Jaron, Berlin 1997

BVB = Berliner Verkehrsblätter: 12/93, 11/94, 11/95

BVG – Berliner Verkehrsbetriebe, Berliner U-Bahn – gestern, heute, morgen, Oktober 1995

BVG – Berliner Verkehrsbetriebe, pro line ’95. Shopping mit dem öffentlichen Nahverkehr. Linie 9 Rathaus Steglitz – Osloer Straße, 1995

BVG – Berliner Verkehrsbetriebe, Zahlenspiegel 1995/96

BVG – Berliner Verkehrsbetriebe, Bahnhofsmanager und Bahnhofsaufsicht: Das mobile Fahrgast-Serviceteam der BVG, Oktober 1996

BVG – Berliner Verkehrsbetriebe, Berliner U-Bahn: Wir bringen Sie sicher ans Ziel, o. J.

Bohle-Heintzenberg, Sabine, Architektur der Berliner Hoch- und Untergrundbahn. Planungen – Entwürfe – Bauten bis 1930, Verlag Willmuth Arenhövel, Berlin 1980

Denkmalpflege-Verein Nahverkehr Berlin e. V., U 8. Geschichte(n) aus dem Untergrund, Verlag Gesellschaft für Verkehrspolitik und Eisenbahnwesen (GVE) e. V., Berlin 1994

Denkmalpflege-Verein Nahverkehr Berlin e. V., U 1. Geschichte(n) aus dem Untergrund, Verlag Gesellschaft für Verkehrspolitik und Eisenbahnwesen (GVE) e. V., Berlin 1995

Denkmalpflege-Verein Nahverkehr Berlin e. V., U 2. Geschichte(n) aus dem Untergrund, Verlag Gesellschaft für Verkehrspolitik und Eisenbahnwesen (GVE) e. V., Berlin 1995

Der Tagesspiegel, 5. 3. 1998

Dittberner, Jürgen, Neuer Staat mit alten Parteien? Westdeutscher Verlag, Köln 1997

Gottwaldt, Alfred, Das Berliner U- und S-Bahnnetz. Eine Geschichte in Streckenplänen, Argon, Berlin 1994

Gympel, Jan, Mit – oder ohne, Der Tagesspiegel, 17. 1. 1998

Gympel, Jan, Köhler, Ivo, Koschinski, Konrad, Strowitzki, Bernhard, und Wolf, Winfried, »Tunnelmania«. Licht & Schatten im Untergrund, Neuer ISP Verlag, Köln, und GVE, Berlin, Köln 1996

Huhn, Diether, Neunundneunzig Berliner Spaziergänge, Verlag des Bezirksjournals Berlin, Berlin 1997

–ky, Ohrringe. In: Heyne Krimi Jahresband 1990, 190–205

–ky, Ich wollte, es wäre Nacht, Reinbek 1991

–ky, Macht sie alle! In: Deutschland einig Mörderland, hrsg. v. Karin Meyer, Verlag Das Neue Berlin, Berlin 1995, S. 7–34

Lemke, Ulrich, und Poppel, Uwe, Berliner U-Bahn, Alba Publikation Alf Teloeken GmbH und Co. KG, 4. überarb. Aufl., Düsseldorf 1996

Meyer-Kronthaler, Jürgen, und Poppel, Uwe, Mit der U 2 ab durch die Mitte! In: BVB, 40. Jg., 12/1993, S. 242–244

Meyer-Kronthaler, Jürgen, Berlins U-Bahnhöfe. Die ersten hundert Jahre, be.bra verlag, Berlin 1995

Reichardt, Hans D, Berliner U-Bahn, Alba Buchverlag GmbH und Co KG, Düsseldorf 1974

Rossberg, Ralf Roman, Geschichte der Eisenbahn, Künzelsau 1984

Signal: 8/93, 9–10/93, 2–3/94, 7/94, 7/95, 8/95, 5/96, 6/96

Straßenbahn Magazin/Nahverkehr, Special – Ausgabe I: Berlin, Nr. 9601, München 1996

U-Bahn. Ein Lesebuch, Stattbuch und Verlag Gerald Leue, Berlin 1985

Videos

Dieter Bohrer Filmproduktion, Alexanderplatz – Hönow. Dienstfahrt

Dieter und Uwe Bohrer, U-Bahn Berlin. Nächtliche Besichtigungsfahrten, Berlin 1997

MIBA, Berliner U-Bahn, Die U 2

MIBA, Berliner U-Bahn, Führerstandsmitfahrt U 2

MIBA, Verkehrsknotenpunkt Berlin, Teil 3, Straßenbahn und U-Bahn

SFB, Führerstandsmitfahrt Krumme Lanke – Warschauer Straße

Modellbauadressen

W. Fröwis, Wunderwaldstraße 9, 13583 Berlin

F. Woytnik, Beifußweg 68 A, 12357 Berlin

Bildquellen

BVG-Archiv 7
Benno Beutler 69
Gert Damms 34 u
Dieter Gammrath 25 l, 25 r, 32 u, 65, 89
Werner Gesche 35
Sigurd Hilkenbach 52, 74 r, 78, 88 l, 103 l, 108, 109, 118
Sammlung Hilkenbach 8, 77, 90, 107 u
Manfred Hoffmann 129
Ingo Klatt 34 o
Jürgen Meyer-Kronthaler 13 l, 21, 31, 33, 37 r, 38, 56, 57, 62, 67 l, 79, 93, 101 o, 103 r, 104
Sammlung Lossberger 23
Uwe Poppel 18, 19, 26, 27, 37 l, 44, 45, 47, 58, 60, 67 r, 72 u, 73, 74 l, 74 u, 76, 99, 107 o, 112, 125
Sammlung Poppel 12 o, 12 u, 13 r, 15, 46, 72 o
Projektgruppe Licht + Farbe 101 u
Günter Schneider 2, 131
Bodo Schulz 29, 36 u, 40, 43, 59, 80, 88 r, 110, 114
Peter Strehlau 32 o, 36 o

Für die Hilfe bei der Bildbeschaffung und anderer hilfreicher Zuarbeitung bedanken sich die Autoren besonders bei Sigurd Hilkenbach, Wolfgang Kramer und Jürgen Meyer-Kronthaler.

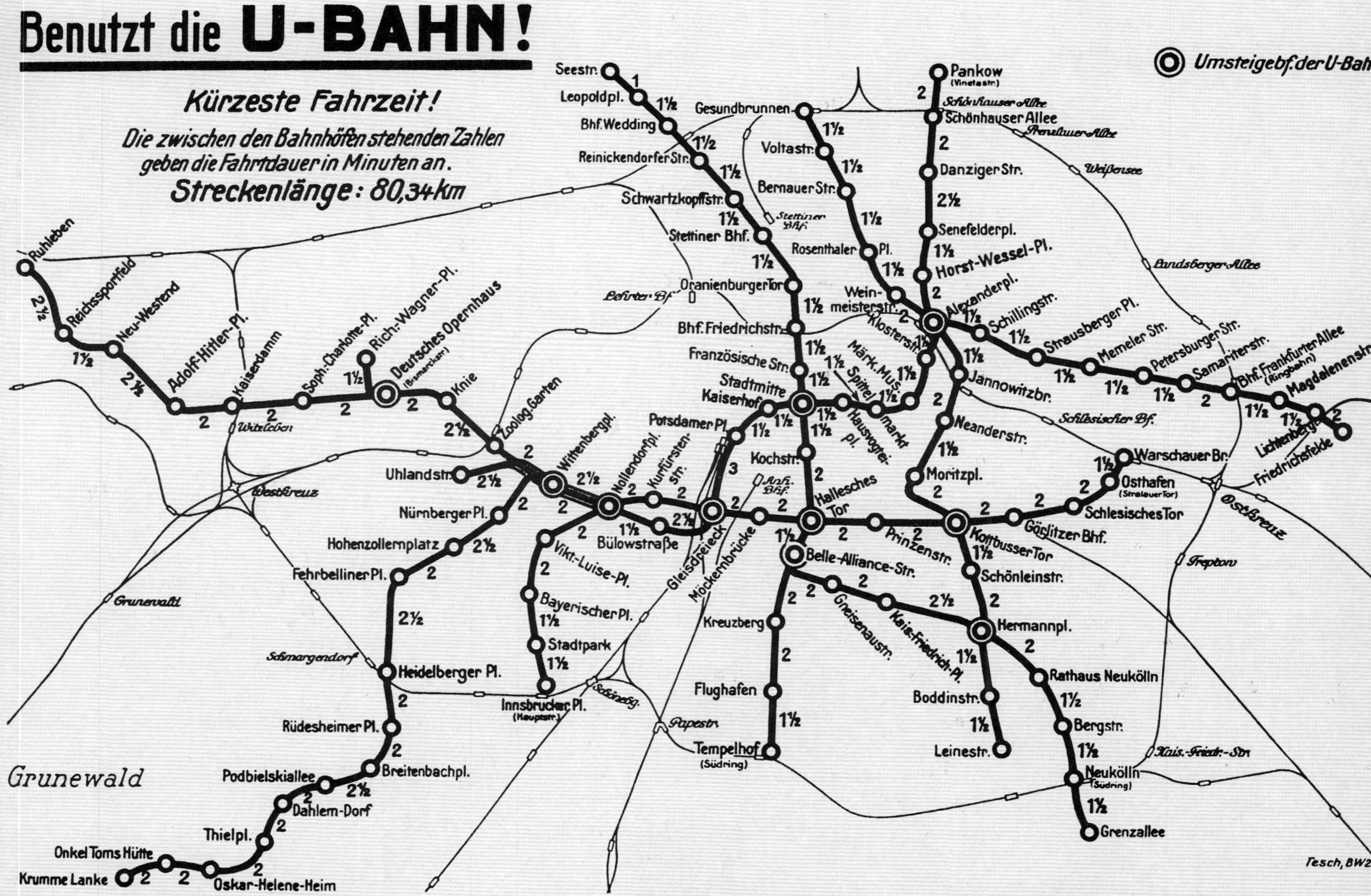
Benutzt die U-BAHN!
Kürzeste Fahrzeit!
Die zwischen den Bahnhöfen stehenden Zahlen geben die Fahrtdauer in Minuten an.
Streckenlänge: 80,34 km
Umsteigebf. der U-Bahn
Ruhleben
Reichssportfeld
Neu-Westend
Adolf-Hitler-Pl.
Kaiserdamm
Witzleben
Soph.-Charlotte-Pl.
Rich.-Wagner-Pl.
Deutsches Opernhaus
(Bismarckstr.)
Knie
Zoolog. Garten
Uhlandstr.
Wittenbergpl.
Nollendorfpl.
Kurfürsten-str.
Bülowstraße
Gleisdreieck
Möckernbrücke
Potsdamer Pl.
Nürnberger Pl.
Hohenzollernplatz
Fehrbelliner Pl.
Heidelberger Pl.
Rüdesheimer Pl.
Breitenbachpl.
Podbielskiallee
Dahlem-Dorf
Thielpl.
Oskar-Helene-Heim
Onkel Toms Hütte
Krumme Lanke
Vikt.-Luise-Pl.
Bayerischer Pl.
Stadtpark
Innsbrucker Pl.
(Hauptstr.)
Seestr.
Leopoldpl.
Bhf. Wedding
Reinickendorfer Str.
Schwartzkopffstr.
Stettiner Bhf.
Oranienburger Tor
Bhf. Friedrichstr.
Französische Str.
Stadtmitte
Kaiserhof
Kochstr.
Anh. Bhf.
Hallesches Tor
Belle-Alliance-Str.
Kreuzberg
Flughafen
Tempelhof
(Südring)
Gneisenaustr.
Kais.-Friedrich-Pl.
Boddinstr.
Leinestr.
Hermannpl.
Rathaus Neukölln
Bergstr.
Neukölln
(Südring)
Grenzallee
Gesundbrunnen
Voltastr.
Bernauer Str.
Stettiner Bhf.
Rosenthaler Pl.
Weinmeisterstr.
Klosterstr.
Märk. Mus.
Spittelmarkt
Hausvogtei-pl.
Pankow
(Vinetastr.)
Schönhauser Allee
Danziger Str.
Senefelderpl.
Horst-Wessel-Pl.
Alexanderpl.
Schillingstr.
Strausberger Pl.
Memeler Str.
Petersburger Str.
Samariterstr.
Bhf. Frankfurter Allee
(Ringbahn)
Magdalenenstr.
Lichtenberg
Friedrichsfelde
Jannowitzbr.
Neanderstr.
Moritzpl.
Kottbusser Tor
Prinzenstr.
Schönleinstr.
Görlitzer Bhf.
Schlesisches Tor
Osthafen
(Stralauer Tor)
Warschauer Br.
Schlesischer Bf.
Lehrter Bf.
Westkreuz
Grunewald
Schmargendorf
Schöneberg
Papestr.
Kais.-Friedr.-Str.
Treptow
Ostkreuz
Landsberger Allee
Weißensee
Prenzlauer Allee
Grunewald
Tesch, BW2